入眼·入脑·入手·易教·乐学

"十四五"职业教育国家规划教材

化妆造型设计

HUAZHUANG ZAOXING SHEJI

主　　编 ◎ 陈晓燕

执行主编 ◎ 孙雪芳

副 主 编 ◎ 王小江

北京师范大学出版集团
BEIJING NORMAL UNIVERSITY PUBLISHING GROUP
北京师范大学出版社

图书在版编目（CIP）数据

化妆造型设计 / 孙雪芳执行主编. — 北京：北京师范
大学出版社，2020.9（2024.6重印）
职业教育美容美体专业课程改革新教材/陈晓燕主编
ISBN 978-7-303-26294-6

Ⅰ．①化… Ⅱ．①孙… Ⅲ．①化妆－造型设计－中等
专业学校－教材　Ⅳ．①TS974.12

中国版本图书馆CIP数据核字（2020）第166558号

教 材 意 见 反 馈： gaozhifk@bnupg.com　010-58805079
营 销 中 心 电 话： 010-58802755　58801876

出版发行：北京师范大学出版社 www.bnup.com
　　　　　北京市西城区新街口外大街12-3号
　　　　　邮政编码：100088
印　　刷：天津市宝文印务有限公司
经　　销：全国新华书店
开　　本：787 mm × 1092 mm　1/16
印　　张：8.25
字　　数：148千字
版　　次：2020年9月第1版
印　　次：2024年6月第6次印刷
定　　价：32.00元

策划编辑：鲁晓双　　　　　　　责任编辑：鲁晓双
美术编辑：焦　丽　　　　　　　装帧设计：李尘工作室
责任校对：康　悦　　　　　　　责任印制：马　洁　赵　龙

再版序

从2007年起，浙江省对中等职业学校的专业课程进行了改革，通过大量的调查和研究，形成了"公共课程+核心课程+教学项目"的专业课程改革模式。美容美体专业作为全省十四个率先完成《教学指导方案》和《课程标准》研发的专业之一，先后于2013年、2016年由北京师范大学出版社出版了由许先本、沈佳乐担任丛书主编的《走进美容》《面部护理（上、下）》《化妆造型（上、下）》《美容服务与策划》六本核心课程教材。该系列教材在全省开设美容美发与形象设计专业的中职学校推广使用，因其打破了原有的学科化课程体系，在充分考虑中职生特点的基础上设计了适宜的"教学项目"，强调"做中学"和"理实一体"，故受到了师生的一致好评，在同类专业教材中脱颖而出。

教材出版发行后，相关配套资源开发工作也顺利进行。经过一线专业教师的协同努力，各本教材中所有项目各项工作任务的教学设计、配套PPT，以及关键核心技术点的微课均已开发完成，并形成了较为齐备的网络教学资源。全国、全省范围内围绕教材开展了多次教育教学研讨活动，使编写者在实践中对教材研发、修订有了新的认识与理解。

为应对我国现阶段社会主要矛盾的变化，实现职业教育"立德树人"总目标，提升中职学生专业核心素养，培养复合型技术技能型人才，编写者对教材进行了再版修订。在原有六本教材的基础上，依据最新标准，更新了教材名称、图片、案例、微课等内容，新版教材名称依次为《美容基础》《护肤技术（上）》《护肤技术（下）》《化妆基础》《化妆造型设计》《美容服务与策划》。本次修订主要呈现如下特色：

第一，将学生职业道德养成与专业技能训练紧密结合，通过重新编排、组织的项目教学内容和工作任务较好地落实了核心素养中"品德优良、人文扎实、技能精湛、身心健康"等内容在专业教材中落地的问题。

第二，在充分吸收国内外行业企业发展最新成果的基础上，借鉴世界技能大赛美容项目各模块评分要求，针对中职生学情调整了部分教学内容与评价要求，进一步体现了专业教学与行业需求接轨的与时俱进。

第三，体现"泛在学习"理念，借助现代教学技术手段，依托一流专业师资，构建了体系健全、内容翔实、教学两便、动态更新的数字教学资源库，帮助教师和学生打造全天候的虚拟线上学习空间。

再版修订之后的教材内容更加满足企业当下需求并具有一定的前瞻性，编排版式更加符合中职生及相关人士的阅读习惯，装帧设计更具专业特色、体现时尚元素。相信大家在使用过程中一定会有良好的教学体验，为学生专业成长助力！

是为序。

陈晓燕

2020年6月

序

在一个较长的时期，职业教育作为"类"的本质与特点似乎并没有受到应有的并且是足够的重视，人们总是基于普通教育的思维视角来理解职业教育，总是将基础教育的做法简单地类推到职业教育，这便是所谓的中职教育"普高化"倾向。

事实上，中等职业教育具有自身的特点，正是这些特点必然地使得中等职业教育具有自身内在的教育规律，无论是教育内容还是教育形式，无论是教育方法还是评价体系，概莫能外。

我以为，从生源特点来看，中职学生普遍存在着知识基础较差，专业意识虚无，自尊有余而自信不足；从学习特点来看，中职学生普遍存在着学习动力不强，厌学心态明显，擅长动手操作；从教育特点来看，中职学校普遍以就业为导向，强调校企合作，理实一体。基于这样一些基本的认识，从2007年开始，浙江省对中等职业学校的专业课程进行改革，通过大量的调查和研究，形成了"公共课程+核心课程+教学项目"的专业课程改革模式，迄今为止已启动了七个批次共计42个专业

的课程改革项目，完成了数控、汽车维修等14个专业的《教学指导方案》和《课程标准》的研发，出版了全新的教材。美容美体专业是我省确定的专业课程改革项目之一，呈现在大家面前的这套教材是这项改革的成果。

浙江省的本轮专业课程改革，意在打破原有的学科化专业课程体系，根据中职学生的特点，在教材中设计了大量的"教学项目"，强调动手，强调"做中学"，强调"理实一体"。这次出版的美容美体专业课程的新教材，较好地体现了浙江省专业课程改革的基本思路与要求，相信对该专业教学质量的提升和教学方法的改变会有明显的促进作用，相信会受到美容美体专业广大师生的欢迎。

我们同时也期待着使用该教材的老师和同学们能在共享课程改革成果的同时，也能对这套教材提出宝贵的批评意见和改革建议。

是为序。

方展画

2013年7月

前 言

党的二十大报告从"实施科教兴国战略，强化现代化建设人才支撑"的高度，对"办好人民满意的教育"作出专门部署，凸显了教育的基础性、先导性、全局性地位，彰显了以人民为中心发展教育的价值追求，为推动教育改革发展指明了方向。《职业教育法》的修订颁布，明确了职业教育是与普通教育具有同等重要地位的教育类型。新时代要进一步加强党对职业教育的领导，坚持"立德树人"总目标，贯彻落实《关于推动现代职业教育高质量发展的意见》，持续推进"教师、教材、教法"改革，努力提升学生职业核心素养。

中职美容美体艺术专业的设立与发展，极大顺应了人民提高生活水平、追求美好生活的现实需求。经过多年发展，目前全国各省份，特别是沿海经济发达地区开设该专业的学校如雨后春笋般涌现，专业人才数量不断增加，培养质量迅速提升。但由于缺少整体规划与布局，该专业自主性发展特征明显。鉴于各地区办学水平不尽相同，师资力量差距明显，对教学标准理解不到位、认识不统一，该专业的进一步良性发展受到了严重影响，一线专业教师对优质国规教材的需求日益迫切。

本套美容美体艺术专业教材是在严格遵循国家专业教学标准并充分考虑专业发展、学生学情的基础上，紧密依靠行业协会、行业龙头企业技术骨干力量，由长期在美容美体专业教学一线的教师精心编写而成。整套教材以各门核心课程中提炼出来的"关键技能"培养为目标，深切

关注学生"核心素养"的培育,通过"项目教学+任务驱动"的方式,并贯彻多元评价理念,确保教材的实用型与前瞻性。各教材图文并茂、可读性强;活页形式的工作任务单,取用方便。本套教材重在技能落实、巧在理论解析、妙在各界咸宜。其最初版本曾作为浙江省中职美容美体专业课改教材在全省推广使用,师生普遍反映较好。

本教材以美容行业实际工作需求为基础,以促进就业为导向,以服务发展为宗旨,旨在培养复合型技术技能型人才。教材编写坚持以提高学生的核心技能为导向,同时关注学生的情操与美育,主要内容包括日妆化妆造型设计、新娘化妆造型设计、晚宴化妆造型设计、特色服装化妆造型设计、面部点缀式彩绘化妆设计,培养学生掌握各类婚纱影楼的整体化妆造型技能。本教材突出项目和任务的引领,在每一个项目中都设计了情境聚焦、实例解析、课堂实操、任务拓展、知识延伸、项目总结、综合运用等小栏目,形式新颖、内容丰富。本教材既可供中等职业学校美容美体艺术及相关专业的学生使用,也可作为美容师岗位培训及爱美人士学习的参考书,建议教学学时126～183学时,具体学时分配如下表(供参考)。

项目	课程内容	建议学时
一	日妆化妆造型设计	24～33
二	新娘化妆造型设计	18～21
三	晚宴化妆造型设计	30～48
四	特色服装化妆造型设计	30～48
五	面部点缀式彩绘化妆设计	24～33

本教材由陈晓燕任主编,孙雪芳任执行主编,王小江任副主编。胡晓菲、周吉、陈亚玲、高喻苗、周怡闻、崔倚凌等同学担任插图模特。在编写过程中得到了拱墅职高校领导及相关处室部门的大力支持,尤其得到了形象组鲁家琦、王芹、石丹老师的技术支持;也得到了杭州逆飞文化传播有限公司化妆总监陈敏老师的技术支持,得到了杭州小玖工作室创办人付艳的部分造型图片支持,在此一并表示感谢!

在教材编写中,参考和应用了一些专业人士的相关资料,转载了有关图片,在此对他们表示衷心的感谢。我们在书中尽力注明,如有遗漏之处,请与我们联系。由于编者水平有限,书中难免有不足之处,敬请读者提出宝贵的意见与建议,以求不断改进,使教材日臻完善。

编　者

目　录

项目一

日妆化妆造型设计

任务一　职业妆

任务二　时尚妆

情境聚焦

　　案例：好友周怡成功应聘进入一家知名服装公司担任设计总监，她来找身为化妆师的你为她设计职业妆造型，让她在新公司有一个全新的良好的开端，给同事留下良好的印象。你将如何为她设计造型？周末周怡和朋友聚会，她想以不同于工作中的形象来表现她时尚、亲和的一面，你又会如何为她设计造型？

　　通过该项目的学习，你将知晓日妆根据不同的应用场合，大致可分为职业妆和时尚妆两大类；将学习化妆造型的基本原则，培养自己从单纯的妆面提升到整体造型的意识；将学习日妆化妆面部五官的描画技巧，不断提高自身素养及化妆师应具备的观察、分析、沟通等职业能力，初步具备妆面的设计能力。

我们的目标是

着手的任务是

- 职业妆。
- 时尚妆。

- 知晓化妆造型基本原理。
- 知晓并能区分职业妆和时尚妆的妆面及造型特点。
- 掌握职业妆、时尚妆两种不同日妆的化妆技法，并尝试发型、服饰与妆容的整体搭配。

任务实施中

任务一　职业妆

 ## 任务简介

职业妆属于日妆中的一种，它与亮丽美艳的宴会妆、浓郁夸张的舞台妆、清纯柔美的婚礼妆等不同。职业妆强调的是职业场合和职业特征，职业妆要适用于职业女性的工作特点或与工作相关的社交环境。原则上要淡雅、含蓄，不宜浓妆艳抹；要表现出职业女性理智与成熟的气质，妆型与妆色协调一致，效果自然生动。

本次任务以职场中的白领丽人为例，打造端庄又不失亮丽的整体妆效。

实例解析

一、妆容画法

步骤一：打造底妆

职业妆的妆色应淡雅含蓄、妆面效果应自然。职业妆应保持皮肤原有的通透状态，颜色要与肤色接近并能掩盖住面部的瑕疵。因此，在肤色修饰中粉底不可过厚，可以选择具有保湿效果的乳液状粉底。（见图1-1-1、图1-1-2）

图1-1-1　　　　　　　　　　　　图1-1-2

步骤二：打造眼妆

职业妆的眼妆修饰不需要太过于浓重，淡淡地画出精神就好。眼影的晕染范围重点在上眼睑的外眼角处，面积不宜过大，起到强调眼形轮廓的作用，眼影的颜色适合选大地色系。眼线的线条要整齐、干净，不宜过于夸张。睫毛卷曲后刷少量的睫毛膏以增加眼睛的神采。（见图1-1-3、图1-1-4）

图1-1-3

图1-1-4

步骤三：打造眉妆

眉毛的形态可以说是左右职业妆形象的关键。因为眉毛可以使人的面部表情发生变化。眉过细、眉向下会给人不可信的感觉，稍上扬一些的眉毛会使人看上去很干练。描画时可先用眉粉勾勒出眉形，再用眉笔一根根描画，表现出精致又符合脸型的眉形。（见图1-1-5）

图1-1-5

步骤四：打造唇妆

职业妆的唇部修饰要给人以精致的感觉，要呈现自然亮丽的效果，避免使用过于艳丽的颜色，无须对唇形进行大幅度的调整。由于带妆时间较长，可以选择滋润性较强的自然色系唇膏及唇彩。（见图1-1-6）

图1-1-6

步骤五：打造腮红

职业妆的腮红要根据整体妆面及服装色彩进行设计。腮红只需对气色进行调整，因此色彩不能过于炫目、夸张，要给人一种和谐悦目的美感。用粉刷蘸取适量的粉红色、浅棕红色、浅橙红色等一些浅淡颜色的腮红，面露微笑，把腮红从颧骨到眼窝的方向进行斜向上地涂抹。粉刷上的余粉顺带地把额头和下巴等位置也扫一下，起到一定的修容作用。（见图1-1-7）

图1-1-7

步骤六：整体调整

所有步骤完成后检查整体妆效，调整不足之处，如眉形是否对称，妆色是否过浓，让妆容更完善。最后再进行二次定妆使妆容更持久。（见图1-1-8）

图1-1-8

二、造型提案

职业妆的发型要求简洁大方、干净利落、不宜夸张。要根据职业、服饰、场合和脸型做造型，与职业形象相吻合。

 课堂实操

生活职业妆

同学们两两组合，根据教师示范讲解，互相练习职业妆，完成后按照下表进行评比。

操作准备：工具准备、化妆师准备、化妆对象准备。

操作要点：1. 底妆自然、通透、均匀。

2. 眉眼描画精致，起到一定的修饰作用。

3. 色彩搭配自然、协调，符合职业妆淡雅、含蓄的特点。

评价内容	内容细化	分值	评分记录			
			学生自评	学生互评	教师评分	备注
完成情况（90分）	准备工作	5				
	底妆	20				
	眼睛	5				
	眉形	5				
	唇部	5				
	整体妆面效果	50				
职业素质（10分）	团队合作	5				
	遵守纪律	5				
总分 100分						

说明：1. 备注栏可记录扣分原因。

2. 训练时可自由组合，考核时随机组合。

🔧 任务拓展

1. 简述生活职业妆的妆面要点。

2. 列举适合职业妆的眼影色、唇色、腮红色的色彩搭配，至少三种。

3. 纸面练妆：完成两幅职业妆的妆面设计图。

🎵 知识延伸

化妆造型设计

本书内容不仅仅局限于单一的妆面化妆，而是包括妆面、发型、服饰的整体搭配，甚至内在性格的外在表现，因此我们有必要了解人物化妆造型设计的概念及要素，培养整体设计意识和能力。

一、人物化妆造型设计的基本概念

化妆造型设计是设计者对被设计者的把握，并不仅仅局限于适合个人特点的发型、妆容和服饰搭配，还包括内在性格的外在表现，即将其个性、气质、脸型、肤色、发质、年龄、职业等诸多因素综合为一个整体来构思，运用造型艺术的手段，设计出符合人物身份、修养、职业的形象，以得到公众及被设计者的认可和欣赏。设计范围包括发式、化妆、服饰、仪态仪表、言谈举止等内容。

二、人物化妆造型设计的两大要素

形与色是造型设计的两大要素。准确地把握形与色的关系是人物造型设计的基本条件。形就是物体的形状，是物体的本质。人体本身就有许多形，有体形、脸形、五官的形等。由于受骨骼肌肉等生理因素的影响，人们的形象各不相同。这就出现了人们常看到的形象特征，如有的人是圆脸形，有的人是长脸形；有的人是双眼皮大眼睛，有的人是单眼皮小眼睛；有的人是高鼻梁，有的人是塌鼻梁等。设计者需要通过对形的修饰来扬长避短，创造美的形象。

色指颜色，是物体的外衣，没有色就无法展现形的描画效果，更谈不上整体设计。人们利用色的不同属性，如明暗、冷暖来决定设计定位。

物体视觉形象的形成主要取决于物体的形状和色彩。换句话说，人的不同形象造型由妆色与妆型、服装色与款式、发色与发型等多种元素组合而成。形与色密不可分，缺一不可。

任务二　时尚妆

 任务简介

　　时尚妆属于日妆中的一种，具有鲜明时代感、社会性，是能反映社会流行大趋势的年轻型妆型。由于社会在不断发展，在生活的各个领域都有流行元素存在，每年或每季的整体时尚变化影响着流行妆面的发展，所以每个时代都有流行的妆面。时尚妆造型略夸张却不失美感，随意却不脱离生活。它具有相对自由的表现手法，富有个性却具有流行的风格，是年轻人喜爱的妆型。下面以大眼妆为例来重点学习生活时尚妆。

 实例解析

一、大眼妆的表现方法

（一）妆面特点

　　大眼妆是近几年深受年轻女性喜爱的一个时尚妆容。无论是日系大眼妆还是芭比大眼妆，其妆容重点均在于眼部，即利用眼线和假睫毛放大双眼，塑造娃娃般的大眼睛，营造出纯真、甜美，惹人怜爱的感觉。（见图1-2-1）

图1-2-1

（二）妆容画法

步骤一：打造底妆

为更加突出面部立体轮廓，在T字区用浅色粉底，两腮用偏深的粉底，注意粉底间的衔接，然后用蜜粉定妆。（见图1-2-2、图1-2-3）

图1-2-2

图1-2-3

步骤二：打造眼妆

眼影：在眼尾叠加浅咖色眼影，一点点往眼头晕染开，制造渐变的效果。眼窝后1/2段以深咖色加强轮廓。（见图1-2-4）下眼睑后1/3部分同样晕染出层次，前面的部分用浅色眼影提亮眼头，衔接到眼线的中段。（见图1-2-5）

眼线：眼线是妆容的重点之一，用黑色眼线笔沿着睫毛根部画出上眼线，眼尾可以稍微延长一点，拉长眼形。（见图1-2-6）下眼线只画后面的1/3段，注意填满眼角与上眼线连接。（见图1-2-7）

图1-2-4

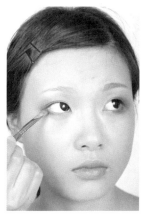
图1-2-5

图1-2-6

睫毛：浓密而卷翘的睫毛是此款妆容的重中之重，要打造出根根分明、卷翘的纤长睫毛。先把睫毛夹翘，再粘上整副自然型假睫毛，眼尾再粘半副加强。（见图1-2-8）刷出根根分明的下睫毛，眼尾部分再以单根假睫毛加强。（见图1-2-9）

图1-2-7

图1-2-8

图1-2-9

步骤三：打造眉妆

突出眼睛就要弱化眉毛，整体眉形要略松散、平直一些。用棕色眼影作为眉粉扫出柔和的眉形，要描画均匀，浓淡适宜。（见图1-2-10）

步骤四：打造腮红

选用粉色腮红，由颧骨上方顺着颧骨曲线向脸中央刷，并从中心部位向外打一个圆形，赋予妆容活泼感。（见图1-2-11）

图1-2-10

图1-2-11

步骤五：打造唇妆

先在唇部涂上一层透明的护唇膏滋润双唇，然后选择粉红色唇膏涂上，增加妆容的粉嫩度。为了使模特双唇晶莹剔透，更加可爱，可再涂一层唇蜜。这样大眼妆就完成了。（见图1-2-12、图1-2-13）

图1-2-12

图1-2-13

（三）造型提案

日系大眼妆适合微卷曲和蓬松的发型，齐肩内扣卷加齐眉刘海，这种造型看起来既甜美又优雅。日系大眼妆也适合空气刘海加松散的编发造型，这种造型看起来可爱感十足。（见图1-2-14）

图1-2-14

生活时尚妆

二、不同生活时尚妆要点

（一）裸妆

裸妆的"裸"字并非"裸露"、完全不化妆的意思，而是妆容自然清新，虽经精心修饰，但并无刻意化妆的痕迹，又称为透明妆。裸妆的重点在于粉底要薄，只用淡雅的色彩点染眼、唇及脸色即可。裸妆能令肌肤呈现出宛若天然的无瑕美感，彻底颠覆了以往化妆给人的厚重与"面具"的印象，成为时尚美女们倍加宠爱的新潮妆容。清透自然的裸妆适合任何人群，特别适合于那些皮肤质地好的女性。（见图1-2-15）

图1-2-15

（二）水果妆

水果妆，顾名思义整个妆面给人一种接近水果的感觉，运用水果般缤纷的色彩和清透的质感，营造出绚烂迷人的视觉效果。尤其是眼影的色彩，常采用两段式或三段式化法，运用纯度较高的对比色或邻近色进行搭配，给人以较强的视觉感受。水果妆一般适合在夏季运用。（见图1-2-16）

图1-2-16

（三）烟熏妆

烟熏妆是近几年很流行的一种时尚妆。烟熏妆突破了眼线和眼影泾渭分明的老规矩，在眼窝处漫成一片。因为看不到色彩间相接的痕迹，如同烟雾弥漫，而又常以黑灰色为主色调，看起来像炭火熏烤过，所以被形象地称作烟熏妆。一般而言，烟熏妆似乎总给人一种比较夸张的印象。其实，这跟选用的眼影以及上妆的轻重有关。在夸张烟熏妆的基础上发展出来的"小烟熏妆"，则是更多考虑到了普通人的需要，更多采用淡色眼影，贴近肌肤本色，塑造一种妩媚而不过分张扬的感觉。生活中运用最多的是棕黑色小烟熏妆，因为它更适合东方女性的肤色。（见图1-2-17）

图1-2-17

 重点突破

小烟熏妆的两种化法

一、浅至深上妆法

1. 使用灰色眼影涂抹在整个上眼皮，越靠近外围使用量越少。

2. 深灰色眼影从眼际往上晕染到上眼窝，及下眼睑后1/2的范围。

3. 黑色眼影刷双眼皮褶皱区域，内双则刷到张眼能看到颜色的范围。

4. 同样用黑色眼影刷在下眼睑后1/3区域作为下眼线。

5. 使用珠光银白色眼影打亮眉骨和眼头，最后刷上睫毛膏即可。

二、深至浅上妆法

1. 使用烟熏妆专用黑色眼线笔，画出一条略粗的上眼线。

2. 再用棉棒将上眼线轻推晕开，以保留色感，除去线条感。

3. 直接将灰色眼影叠擦在上眼皮，此时就会产生自然渐变的效果。

4. 用步骤3眼影棒的余粉直接画在下眼睑后1/3的范围。

5. 接着打亮眉骨和眼头后，务必将睫毛夹翘，刷上浓密型睫毛膏。

课堂实操

同学们两两组合，根据教师示范讲解，互相练习时尚妆，完成后按照下表进行评比。

操作准备：工具准备、化妆师准备、化妆对象准备。

操作要点：1. 底妆自然、均匀、有一定的立体感。

2. 眼妆描画精致，突出大眼效果。

3. 色彩搭配协调，妆面风格符合当下审美。

评价内容	内容细化	分值	评分记录			
			学生自评	学生互评	教师评分	备注
完成情况（90分）	准备工作	5				
	底妆	20				
	眼睛	5				
	眉形	5				
	唇部	5				
	整体妆面效果	50				
职业素质（10分）	团队合作	5				
	遵守纪律	5				
总分100分						

说明：1. 备注栏可记录扣分原因。
2. 训练时可自由组合，考核时随机组合。

 任务拓展

1. 简述生活时尚妆的妆面要点。

2. 收集时下流行的生活时尚妆面，制作成PPT上交。

3. 纸面练习：大眼妆。

4. 技能拓展：四人一组，其中两人当模特，另外两人根据模特的气质与五官特点，共同设计并化出两个生活时尚妆面，配合发型和服装进行整体展示，组间进行评比。

 知识延伸

常见色调与妆面搭配

化妆离不开色彩，每个化妆造型都应有自己独到的色调。色调是指总的色彩倾向，它是由占据主要面积的色彩决定的，是构成整体色彩统一的重要因素。如果妆面色调不明确，整个化妆造型也就失去了和谐统一。色调是由色相、明度、纯度、色性等因素决定的。

色 调	特点和适合的妆容	例 图
浅色调	明度较高的一组淡雅颜色，组成柔和优雅的浅色调。这类颜色含有大量的白色或荧光色。浅色调妆型多用于生活时尚妆和职业妆，清新、温柔、干净。	
亮色调	明度比浅色调略低，因其含白色少，鲜艳程度更高，接近纯色。代表色有天蓝、柠黄、粉红、嫩绿。亮色调妆型给人亮丽、活泼、鲜明、纯净的感觉，适合时尚妆和新娘妆。	
鲜色调	明度与亮色调接近，一般是中等明度，但其色彩不含黑色和白色，饱和度最强。化妆效果浓艳、华丽、强烈，适合晚宴妆、综艺晚会妆、模特妆、创意妆。	
深色调	明度较低，略带有黑色成分，但仍保持一定浓艳感。适合模特妆、创意妆、晚宴妆和综艺晚会妆。	
浅浊调	与浅色调的区别在于，浅浊调不仅含有白色，还含有灰黑色成分。此色调表现的妆型具有文雅之感。适合职业妆和新娘妆。	

浊色调　是明度低于浅浊色调的含灰色调，让人具有朴实而成熟的气质。代表色有驼色、土黄、灰蓝。如果大面积用浊调，小面积用鲜艳色点缀，会让人既显沉着稳重，又可避免晦暗感。适合模特妆和创意妆。

暗色调　明度、鲜艳度都很低，色暗近黑。暗色调的妆型让人具有沉稳庄重感，若搭配一点深沉的浓艳色，可得到沉着华贵的效果。适合晚宴妆、模特妆、创意妆。

项目总结

　　生活妆是最基础的妆面，每个同学都须熟练掌握和运用。同学们在学习技能的同时也要密切关注当下化妆的流行信息，搜集相关图片和文字资料，训练鉴赏和判别的能力，因为潮流在不断地演变，要积极拓展思路、开阔眼界，这样才不会被时代抛弃。化妆师认真、细致、到位的服务工作也同样重要，会给顾客留下良好的印象，有助于提升影楼或形象工作室的声誉。因此，在教学实践中，同学们应当刻苦训练，熟练掌握相关的操作技能，并学会与顾客沟通的技能，给顾客提供最完美的服务。

综合运用

　　亲情服务：给自己的妈妈设计一款职业妆容，能够配合服装和发型就更加完整了，拍下妆前妆后照，并让妈妈写下体验感受及对此次服务的评价。

项目二

新娘化妆造型设计

情境
聚焦

案例：穿婚纱、拍婚纱照是每个女孩子的梦想。张茜也一样。还有一个月就要结婚了，她非常希望在幸福的那一天，化一个漂亮的新娘妆和最爱的人一起留下最美好的记忆。张茜还想拥有一套美丽的婚纱照，记录她最美的瞬间。

假如你是一名影楼的化妆师，面对不同的顾客，你将怎样为她们打造完美的新娘妆呢？通过该项目的学习，你将知晓各种风格新娘妆的造型特点及适用人群，并学会不同风格的新娘妆的妆面化法，为今后的就业打下扎实基础。

着手的任务是

- 清新甜美新娘妆。
- 高贵典雅新娘妆。
- 中式古典新娘妆。
- 时尚个性新娘妆。

我们的目标是

- 知晓并能区分四种不同风格新娘妆造型的特点。
- 掌握清新甜美、高贵典雅、中式古典、时尚个性这四种不同风格新娘妆的化妆技法，并尝试发型、服饰与妆容的整体搭配。

任务实施中

任务一　清新甜美新娘妆

 ## 任务简介

　　总体风格：新娘妆根据不同的人群有着不同的风格造型。清新甜美新娘妆作为新娘妆容的主流一直在流行着，它将新娘的甜美和可爱发挥到极致，同时，清新甜美新娘妆还给人小女人的妩媚和性感的感觉。（见图2-1-1）

　　适合人群：适合年龄感偏小、性格活泼、眼神清澈、脸部骨骼感不强的女性，娃娃脸、瓜子脸都比较适合。

　　服装选择：适合吊带式、公主式的白纱服装，或者短款小蓬裙等类似感觉的服装。总之，要注意服装的感觉不能太沉重，款式不要太老旧。

图2-1-1

实例解析

一、妆容画法

步骤一：打造底妆

　　粉底应打得薄一些，突出自然的质感，一般不需要过于追求面部的立体感，因为圆润的线条让人看起来没有年龄感。定妆时可选用珠光定妆粉定妆，可以使皮肤的质感显得更加晶莹剔透。（见图2-1-2、图2-1-3）

图2-1-2

图2-1-3

步骤二：打造眼妆

眼影：要使眼睛显得俏丽可爱，首先用美目贴将眼睛调整的大一点，眼影一般选用粉红色、淡绿色、浅蓝色、鹅黄色、淡橘色等明亮、浅淡的色彩来强调青春可爱的气息，技法上采用平涂或渐层的手法。（见图2-1-4、图2-1-5）

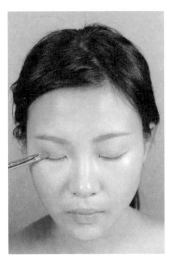

图2-1-4

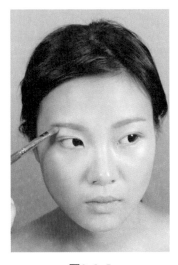

图2-1-5

眼线：眼线不宜过于拉长，拉长2～3 mm即可，眼睛中间部位的线条可略粗，让眼形略圆，表现出甜美可爱的感觉。（见图2-1-6）

睫毛：睫毛可以稍微夸张一点，先将真睫毛夹翘，再选择中间长两头略短的假睫毛进行粘贴，让眼睛看起来更大、更圆。把眼睛中间部位的睫毛粘得长一些、重一些，以表现眼睛的可爱。（见图2-1-7）

 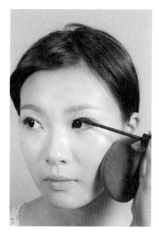

图2-1-6　　　　　　　　　　　图2-1-7

步骤三：打造眉妆

选择自然纹理的眉形，眉形平缓，过渡自然。可先用眉粉描画出大致的形状，然后用眉笔根据需要一根根描画。眉形不宜过细，眉色宜略浅淡。

步骤四：打造唇妆

遵循自然的规律，唇色选择自然、亮丽的色彩，如浅粉色、浅橘色。唇的轮廓不要过于明显，以自然唇形为主，可让嘴角微微翘起，给人微笑的感觉。如果顾客唇形很好，可以直接使用唇彩。（见图2-1-8）

步骤五：打造腮红

选择使人年轻的团式腮红，而且要选择纯净、粉嫩的腮红。用腮红刷蘸取适量腮红，以打圈的手法轻轻地扫在笑肌抬起的部位，边缘虚化，浓淡适宜。注意腮红的颜色和唇色要一致。（见图2-1-9）

 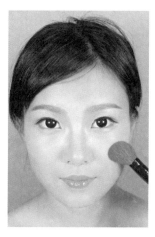

图2-1-8　　　　　　　　　　　图2-1-9

二、造型提案

发型上可采取松散的盘发或披发，将发丝微卷，增添娇俏感，斜刘海或齐刘海的运用均有减龄的效果。头饰搭配在整体造型中可以起到画龙点睛的作用，增加清纯可爱之感，可以借用一些娇俏的小饰物，如蝴蝶结、彩色的珠类饰物、颜色粉嫩的花饰、小羽毛饰品等。（见图2-1-10、图2-1-11）

图2-1-10　　　　　　　　　　　　图2-1-11

温馨提示

要体现出新娘清新甜美的感觉，首先整体色调搭配上要做到明亮、浅淡，其次要把眼形画大画圆，在妆面及造型上带给人减龄的效果。

清新甜美新娘妆眼影颜色搭配技巧如下。

搭配技巧一：浅粉色或淡橘色，色彩偏暖，妆色显得喜庆明艳。

搭配技巧二：鹅黄色+淡绿色，色彩娇嫩，妆色显得甜美可爱。

搭配技巧三：浅蓝色+银白色，色彩偏冷，妆色显得清新亮丽。

 课堂实操

同学们两两组合，根据教师的讲解示范，互相练习清新甜美新娘妆，完成任务后按照下表进行评比。

操作准备：准备全套化妆用品。

操作要点：1. 底妆干净、服帖，体现通透的质感。

　　　　　2. 眼影过渡自然，眼形矫正美观，眉形自然对称。

　　　　　3. 妆容凸显清新甜美之感，整体妆色搭配协调。

评价内容	内容细化	分值	评分记录			
			学生自评	学生互评	教师评分	备注
完成情况（90分）	底妆净透	20				
	眼形美观	20				
	眉形自然	15				
	唇色协调	10				
	腮红柔和	10				
	整体效果	15				
职业素质（10分）	团队合作	5				
	服务态度	5				
总分 100 分						

说明：1. 备注栏记录自己作品的优缺点。
　　　2. 训练时可自由组合，考核时随机组合。

 任务拓展

　　1. 作为一名化妆师，今后的工作都是从化妆助理做起，就业的单位以影楼、形象设计工作室为主，请提前了解化妆助理以及化妆师的工作内容和职责。

　　资料来源：_____

　　资料信息：_____

_____

_____

_____

_____

　　2. 请在给定的下图中完成清新甜美新娘妆妆面效果图，色彩搭配自定，体现出清新甜美的风格。工具：铅笔、彩色铅笔、黑色水笔、橡皮。

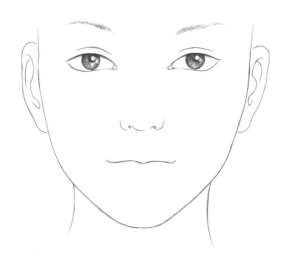

知识延伸

实用型新娘妆造型与演示型新娘妆造型的区别

一、实用型新娘妆造型

　　凡是用于婚礼中的各种新娘造型都属于实用型新娘妆，包括传统中式服装造型、西式白纱造型和休闲造型等。总体不能脱离喜庆、吉祥的主基调。其妆面要求洁净、自然、柔和且牢固持久，妆面以暖色为主，柔和的冷色也逐渐被运用；新娘妆的浓度介于浓淡妆之间，妆型给人以端庄大方、高贵典雅、纯洁甜美之感；发型不宜过于繁复，重在突出新娘的气质；其化妆、发型、服饰搭配要和谐完美。（见图2-1-12、图2-1-13）

图2-1-12　　　　　　　　　　　图2-1-13

二、演示型新娘妆造型

演示型新娘妆主要用于婚纱秀场、婚纱摄影、新娘化妆比赛等。它的目的主要是用来展示创作者对化妆、服饰及发型等综合造型要素的理解与想象，因此它可以在源于生活的基础上高于生活，没有固定模式的约束，造型效果也会显得非常的醒目夺人。如果是为了展示婚纱设计的流行趋势，妆面设计与造型要烘托出婚纱款式的魅力特点，可以简约，也可以繁复；如果是婚纱摄影新娘妆，那么妆面的造型设计与描画技巧就必须精细、均匀；如果是参加比赛，妆面必须要突出高超的化妆水平，妆面必须细腻柔和，达到唯美的效果，发型与服饰的搭配完美地衬托妆面，体现艺术性与实用性相结合的特点。（见图2-1-14、图2-1-15）

图2-1-14

图2-1-15

当日新娘妆与摄影新娘妆的区别

新娘妆根据场合的不同有当日新娘妆与摄影新娘妆之分。当日新娘妆应用在自然光下与亲朋好友近距离接触的场合，因而整体效果不能过于浓重和夸张，以清新、自然、喜庆为主（图2-1-16）。摄影新娘妆多用在影棚里灯光下的拍摄场合，妆面修饰感强，在粉底、眼影和口红的选用上，都比当日新娘妆要鲜艳和夸张（图2-1-17）。

当日新娘妆与摄影新娘妆比较如下。

图2-1-16

图2-1-17

粉底：当日新娘妆的粉底要求清淡自然，一般使用液状粉底较多；摄影新娘妆要考虑到灯光及拍摄时间较长的因素，多使用膏状粉底。

眉毛：为了使当日新娘妆的眉形自然逼真，多用眉粉描画；而摄影新娘妆要比当日新娘妆的眉形精细，颜色略深，有立体感，因此多用眉笔去描画。

眼部：当日新娘妆眼影色系多为浅咖色系或柔粉色系，色彩不宜过重，眼线不宜过粗，以自然为主；而摄影新娘妆要特别注重眼部的刻画，可利用美目贴调整眼形，眼影和眼线要起到矫正眼形的作用，使眼睛看起来大而有神。

腮红：要与整体的妆色协调，当日新娘妆腮红要求清淡自然，突出新娘的喜悦气氛即可；摄影新娘妆腮红的颜色要适当加深，不但起到润色和自然协调妆面的作用，还起到辅助阴影色强调面部立体感的作用。

唇形：当日新娘妆以自然唇形为主，唇形较好的可做妆面重点表现，唇形欠佳的则"弱化"；摄影新娘妆的唇形更多地强调唇形轮廓。

任务二　高贵典雅新娘妆

 任务简介

总体风格：高贵典雅新娘妆应用频率很高，主要是因为它符合大部分人的气质。总体风格上给人以高贵美丽、端庄大方的感觉。比较典型的是韩式新娘妆，韩式新娘妆是近年来人们比较偏好的新娘妆造型。

适合人群：气质高雅、举止端庄，有一定年龄感的女性。

服装选择：较为华贵、精致的服装，如缎面、蕾丝花边或宫廷款式的服装都是不错的选择。（见图2-2-1）

图2-2-1

实例解析

一、妆容画法

步骤一：打造底妆

粉底的厚薄根据顾客本身的肤质来决定。高贵典雅妆容与清新甜美妆容的区别在于高光和暗影的力度要稍微大一些，这样可以更好地修饰面部，使面部更有立体感。定妆一定要牢固，不要遗漏每一个细节，并需要及时补妆。（见图2-2-2、图2-2-3）

图2-2-2　　　　　　　　　　图2-2-3

步骤二：打造眼妆

眼影：眼影的色彩可以选择深蓝色、深紫色、咖啡色、金棕色等，晕染的面积不宜过大，手法大多采用渐层式或结构式。晕染要做到过渡细腻、层次干净。（见图2-2-4）

眼线：眼线要描画精致，眼尾适当拉长，可拉长3～5 mm，并起到矫正眼形的作用。（见图2-2-5）

睫毛：睫毛以自然的假睫毛为主。将本身的睫毛夹翘，然后粘贴假睫毛。选用仿真型的黑色假睫毛，做到真假睫毛自然融合、自然卷翘。（见图2-2-6）

图2-2-4　　　　　　　图2-2-5　　　　　　　图2-2-6

步骤三：打造眉妆

可以根据脸型加以设计，通常高挑一些的眉形更显气质的高贵。可先用眉粉描画出大致的形状，然后用眉笔根据需要一根根描画，接着再在眉毛的下缘轻扫上一层高光粉，使眉形更清晰。（见图2-2-7）

步骤四：打造唇妆

唇的修饰可略为性感或甜美，唇形要精致清晰。唇形欠佳的可先用唇线笔调整，注意颜色不宜过深，要与唇色相融合。唇色要与整体妆色相协调。（见图2-2-8）

步骤五：打造腮红

腮红的打法可以选用结构式。例如，脸形偏长采用横向打法，圆脸采用斜向打法。在颜色的选择上注意与整体妆容的协调，打造出柔和的肤色效果。（见图2-2-9）

图2-2-7

图2-2-8

图2-2-9

二、造型提案

发型上可以选择编发或盘发，因为编发或盘发会让人显得较为端庄、高贵。如果顾客的脸型不适宜做高耸的盘发，也可以选择发髻式的盘发，让发型横向发展。总之，编发或盘发都要起到修饰脸形的作用。发饰的选择上可以选用高贵的皇冠、雅致的珍珠饰品和华丽的羽毛，还有与服装协调的各式贝雷纱网帽。（见图2-2-10、图2-2-11）

图2-2-10　　　　　　　图2-2-11　　　　　　高贵典雅新娘妆

🌸温馨提示

　　高贵典雅新娘妆在整体色调搭配上要稳重、含蓄，明度、纯度均要适当偏低，不要过于明艳。在妆面及造型上带给人成熟、端庄的感觉。

　　高贵典雅新娘妆眼影颜色搭配技巧如下。

　　搭配技巧一：咖啡色或金棕色，色彩偏暖，妆色显得优雅自然。

　　搭配技巧二：浅紫色+深紫色，色彩偏冷，妆色显得高雅艳丽。

　　搭配技巧三：浅蓝色+深蓝色，色彩偏冷，妆色显得冷艳雅致。

 课堂实操

　　同学们两两组合，互相练习高贵典雅新娘妆造型，包括妆面和盘发，完成任务后按照下表进行评比。

　　操作准备：1. 准备全套化妆用品。

　　　　　　　2. 准备盘发工具：电卷棒、尖尾梳、小黑夹、皮筋。

　　操作要点：1. 底妆干净、服帖，有一定的立体感。

2. 眼影过渡自然，眼形矫正美观，眉形自然对称。

3. 妆容凸显高贵典雅之感，整体妆色搭配协调。

4. 发型与妆容相配，紧扣主题，整体完整。

评价内容	内容细化	分值	评分记录			
			学生自评	学生互评	教师评分	备注
完成情况 （90分）	准备工作	5				
	妆面效果	50				
	发型效果	15				
	整体效果	20				
职业素质 （10分）	团队合作	5				
	服务态度	5				
总分 100 分						

说明：1. 备注栏可记录扣分原因。

　　　2. 训练时可自由组合，考核时随机组合。

 任务拓展

1. 韩式新娘造型是目前非常流行的新娘妆造型，通过网络收集至少十款韩式经典新娘妆造型，并制作成PPT。

2. 请在给定的下图中完成高贵典雅新娘妆妆面及发型效果图，色彩搭配自定，要体现出高贵典雅的风格。工具：铅笔、彩色铅笔、黑色水笔、橡皮。

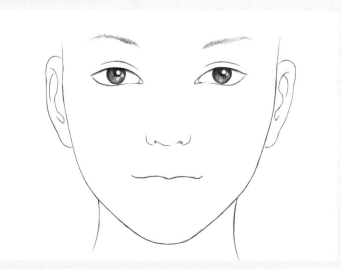

🎼 知识延伸

化妆部服务流程标准化

色 彩 搭 配	
班前准备	1. 打卡，换工作服，佩戴胸卡，妆面到位，准备接受检查。 2. 打扫卫生必须在早会之前完成，8:30准点开始晨会。 3. 晨会结束，按照前一天领导安排的工作事项开始工作。
准备工作	1. 打开化妆台灯，接电源（电卷棒、吹风机等）。 2. 整理好化妆工具。
顾客 化妆前	1. 进入试衣间先让顾客存好自己物品，助理再亲自帮顾客选衣服，选衣服过程中要面带微笑与客人沟通，根据新人的喜好、身材来帮助新人选择，要求化妆师必须具备专业的审美眼光与沟通技巧。选好衣服带领顾客前往化妆间化妆。 2. 化妆师接过顾客，化妆师先进行自我介绍，拿出顾客的拍摄流程单询问顾客的想法和要求，与顾客进行亲切的沟通，并告诉她们在服务当中有什么不满意的地方及时告知。 3. 化妆助理帮助新娘上发卷、打体粉，接下来化新郎妆。 注：为客人上粉底时，手要轻柔。
新娘 化妆造型	1. 先给新娘化妆：打粉底、画眉毛、眼线、眼影、夹睫毛、粘睫毛、腮红、修容、口红 2. 新娘满意后，将发卷拆下来。做造型前要沟通，做完发型客人满意后，佩戴首饰（项链、耳环）。 3. 化妆造型结束后，再问一声："女士对你的化妆、造型是否满意？"如满意可以与新娘合影留念。 4. 将新娘送至影棚，等候拍照。 5. 化妆师回到原位为下一位新娘做准备。 注：化妆造型不满意要有耐心地帮助客人更改，直至客人满意。
新郎 化妆造型	1. 化妆助理请新郎到化妆台前，化妆、造型前要沟通。 2. 给新郎化淡妆，化妆前要清洁面部，上乳液、上粉、上唇膏，新郎脸上如有痘痘要遮盖好，眉毛淡的要加重，胡须要征求新郎的意见处理干净。 3. 造型后要沟通，客人满意后，再陪同顾客更换衣服。完成后把顾客送至影棚。 注：为新郎化妆造型时，手要轻、稳。每套衣服结束后，要给新郎补妆、检查发型是否凌乱。

晚礼服造型	1. 迎接拍完一套服装的顾客，引导至服装间更换下一套服装。 2. 更换完毕征求意见对礼服是否满意，并帮助检查礼服是否"穿帮"，同时亲切询问客人拍照心情及感觉。 3. 每套礼服造型前要加以说明，手要轻，要依服装、脸型、气质，有热情、耐心地给顾客设计造型，几次造型要有不同的感觉，变化要明显。 4. 造型后，佩戴首饰，征求客人满意后，顾客送至影棚。 注：为客人造型过程中动作要轻、稳。每次新娘换完礼服后，必须帮新娘补妆，依新娘礼服颜色更改口红和眼影。如果时间允许，化妆师应该亲自帮助客人选衣服。
客人 拍照结束	1. 帮客人把首饰、头花取下来放好。陪同新娘卸妆同时关心咨询累不累或称赞两位表现得很棒，增加好感。卸睫毛的时候要轻，卸妆完毕要帮忙整理好，眉毛淡的顾客要帮顾客修补眉毛，叮嘱顾客不要漏带自己的物品。 2. 亲自陪同或助理陪同顾客至门店，叮嘱顾客选片时间。 3. 进行送客流程。 4. 化妆师要利用空余时间，参与客人选样片。
整理工作	1. 客人送走后，整理好假发、首饰、造型花等，全部物品归位。并检查是否丢失，如丢失和损坏应及时上报。 2. 检查所用物品是否缺少，如有缺少应及时领用。 3. 拍照工作全部结束后，打扫部门卫生，把电源关断。
工作结束 后下班前	1. 下班前，化妆师、摄影师及助理要一起讨论当天的片子，扬长避短，互相借鉴，安排明天的工作，领到工作单后摄影师、化妆师要先进行拍摄前的沟通。 2. 如下班前没有拍完，化妆师要耐心做好本职工作，下班的工作人员和其他工作人员不得在影棚闲聊，以免给客人留下不好的印象。 3. 所有工作完毕后，如不是当天值班，应按时打卡下班。
备注	1. 所有服装下班前必须检查一遍，如有脏污或褶皱，应马上下架清洗或熨平。放任顾客穿脏或褶皱的服装属于严重的工作失误。 2. 如搭配的服装与顾客的身材不匹配，属于工作失误。 3. 化妆之前未与顾客沟通喜欢的类型，属于工作失误。 4. 化妆态度不好，或顾客要求换造型而化妆师未予更换，属于工作不到位。 5. 休息区顾客桌上无饮用水，化妆师和化妆助理也属于工作不到位。

任务三　中式古典新娘妆

 任务简介

总体风格：中式古典新娘妆用传统的红色妆面装点新婚的喜庆，又不乏"犹抱琵琶半遮面"的婉约和娇羞。近几年，中式古典新娘造型深受顾客喜爱，如今的古典新娘造型要求古典中又不失时尚。（见图2-3-1）

适合人群：长相较为东方古典的女性，皮肤白皙，身形较为丰满。

服装选择：可以选择古典韵味的旗袍、秀禾服，或者中西风格相结合的婚纱。

图2-3-1

 实例解析

一、妆容画法

步骤一：打造底妆

底妆应该选用偏暖色调的粉底作为基底色，宜选用白皙度较高的粉底，而在轮廓的明暗处理上跨度不明显，通过暗影将脸形修成椭圆形，不要过于强调

结构。高光提亮内轮廓，然后用透明或偏粉色的定妆粉定妆。（见图2-3-2、图2-3-3）

图2-3-2

图2-3-3

步骤二：打造眼妆

眼影：现代的中式新娘妆继承了传统妆容中的红色元素，用暖调的色彩带出婚庆的喜悦。一般选用橘咖色、金色或红色，采用渐层晕染的手法。（见图2-3-4）

眼线：眼线的描画特点是浓黑，于眼尾呈拉长略上翘状，可拉长4～8 mm，线条一定要干净流畅。（见图2-3-5）

睫毛：可粘贴自然型假睫毛，粘贴之前先把自身睫毛夹翘，然后用浓密型睫毛膏增加睫毛的浓密程度，使眼睛更有神韵。

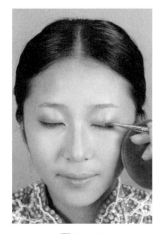
图2-3-4

图2-3-5

步骤三：打造眉妆

眉形采用自然的弧度，眉形不易过粗，线条要
清晰些。可先用棕色眉粉描画出大致形状，然后用
深棕色眉笔适当加深。（见图2-3-6）

步骤四：打造唇妆

唇妆是中式新娘妆的重点，色彩选用饱和的大
红色，成为整个妆容的焦点，因此要细心描画。唇
形要饱满圆润，左右对称，如唇形欠佳，可先用唇
线笔勾勒出理想唇形，然后再涂抹唇膏，最后再涂
上少量唇彩。（见图2-3-7）

图2-3-6

步骤五：打造腮红

配合暖色调的礼服和妆容，腮红可以选择橘色。多采用斜向上的扫法，以
提升面部的立体感，提升女人成熟、复古的韵味。（见图2-3-8）

图2-3-7

图2-3-8

二、造型提案

中式古典新娘妆的发型在造型上要体现传统与时尚相结合的特点，多用大
波纹、S形发片线条、高贵包发面纱、手制头发花瓣等。可以将盘发的重点集中
于冠顶部，制造出高度，用发片环圈使纹理丰富、线条生动。若想充分体现出
中式新娘的古典气质，秀禾服可搭配发髻和凤冠。（见图2-3-9）

图2-3-9

🔔温馨提示

　　中式古典新娘妆在整体色调搭配上以暖色为主，如咖啡色、暖橙色等，重点突出细挑的眉毛和浓郁的红唇，在妆面及造型上带给人成熟、优雅、复古的感觉。

　　中式古典新娘妆颜色搭配技巧如下。

　　搭配技巧一：金色眼影+橘色口红，妆色显得明艳动人。

　　搭配技巧二：咖啡色眼影+大红色口红，妆色显得端庄大气。

 课堂实操

　　同学间三人一组，分别扮演顾客、化妆师、发型师，每组设计并创作一款中式古典新娘妆造型，包括妆面和盘发，完成任务后按照下表进行评比。

　　操作准备：1. 准备全套化妆用品。

　　　　　　　2. 准备盘发工具：电卷棒、尖尾梳、小黑夹、皮筋。

　　操作要点：1. 底妆干净、服帖，有一定的立体感。

　　　　　　　2. 眼影过渡自然，眼形矫正美观，眉形自然对称。

　　　　　　　3. 妆容凸显中式古典之感，整体妆色搭配协调。

　　　　　　　4. 发型与妆容相配，紧扣主题，整体完整。

评价内容	内容细化	分值	评分记录			
			学生自评	学生互评	教师评分	备注
完成情况 （90分）	准备工作	5				
	妆面效果	45				
	发型效果	20				
	整体效果	20				
职业素质 （10分）	团队合作	5				
	服务态度	5				
总分 100 分						

说明：1. 备注栏可记录扣分原因。

2. 训练时可自由组合，考核时随机组合。

 任务拓展

1. 收集关于中国古代和现代结婚时化妆造型方面的图片和文字资料，制作成PPT（不少于10页）并上交。

2. 请在给定的下图中完成中式古典新娘妆妆面及发型效果图（颈部以上），色彩搭配自定，要体现中式古典的风格。工具：铅笔、彩色铅笔、黑色水笔、橡皮。

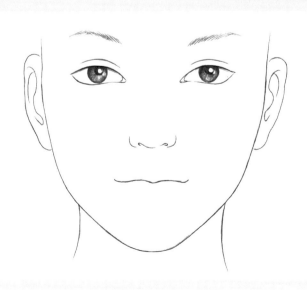

知识延伸

新娘跟妆相关知识

新娘跟妆的流程如下。

一、前期准备工作

1. 提前预约试妆时间。

2. 试妆，进行沟通。根据服装的颜色和款式确定当天发型及妆面，确定头饰，并让新娘提早准备，介绍最近几天的护肤和保养方法、卸妆水的选择等一些美容常识，提供给新郎一些发型打理的意见等。确定服务后交付定金。

3. 婚期前一天再次确认第二天早上的时间、地点，提醒新娘准备头饰。

二、当天化妆工作

1. 婚期早上，准时到达预约地点。

2. 妆容及发型设计要充分表现待嫁姑娘的清纯秀丽和温柔婉约，妆面不要浓，要清爽，发型做的不要太成熟，新娘头上用鲜花或皇冠等头饰。

3. 新娘换好婚纱后，化妆师查看新娘的整体形象，并做整理。提醒新娘举手投足要轻巧端庄，以迷人的微笑面对今天所有的来宾。

4. 伴娘的化妆和发型设计，服饰的整理和点缀。

5. 新娘父母的妆面简单清爽，发型整齐，服饰端庄隆重。

6. 整理化妆箱，打扫台面，不能遗留物品。

7. 提醒新娘将当天换的服饰、鞋子、头花等需要带走的物品打包放好，以便携带。

8. 新郎把新娘接回新房后，化妆师需对新娘进行第一次补妆。

9. 午宴结束后，帮新娘做第二次的补妆，准备下午的外景拍摄。

10. 在下午16：00以前化妆师到达晚宴换装的地点，准备好用具，等待外景拍摄完的新娘回来换装。

11. 新娘到达房间稍作休息后，准备换发型。晚宴发型要高贵典雅，所以不要太过复杂。化妆师要用卸妆水卸掉眼圈和唇部等周围花掉的颜色，为新娘重新化上漂亮的妆，晚宴妆面的颜色要稍深。化妆师检查新娘、新郎整体形象，新娘、新郎准备好后在酒店门口迎客。

12. 当新人在酒店门口迎客时，化妆师对他们的站姿仪态进行调整。调整好后，化妆师回化妆间准备下一套服装的头饰等用品。

13. 在以上过程中，化妆师需要为新娘换3次造型，补3次妆，每次时间为5～10分钟，最后一次造型要用新娘自己的头发做，其他两次可用假发来做。

14. 整理化妆室，把新娘所有的服装和其他用品放好，整理好化妆箱，不要遗留物品，清理化妆垃圾。

15. 向新娘、新郎送上祝福，问还需要什么帮助，如不需要则取走酬金，致谢离开。

以上流程可根据每位客户的要求不同而做相应的修改。

延伸阅读

习近平总书记在二十大报告中指出：

培养造就大批德才兼备的高素质人才，是国家和民族长远发展大计。功以才成，业由才广。坚持党管人才原则，坚持尊重劳动、尊重知识、尊重人才、尊重创造，实施更加积极、更加开放、更加有效的人才政策，引导广大人才爱党报国、敬业奉献、服务人民。

任务四　时尚个性新娘妆

 任务简介

　　总体风格：时尚个性新娘妆给人以年轻性感而又不失时尚的感觉，重在体现独特的个性魅力，将一些时尚的元素运用到其中，起到画龙点睛的作用。（见图2-4-1）

　　适合人群：比较适合个性突出，追求时尚，喜欢新鲜事物的女性。

　　服装选择：选择具有时尚感的款式，如简洁的吊带式、低胸式、露背式、斜肩式、上下分体式、包身鱼尾式、大立领式、拖尾式等。

图2-4-1

 实例解析

一、妆容画法

步骤一：打造底妆

　　时尚个性新娘妆的底妆可以根据妆容的需要大胆尝试。如果要追求晶莹剔透，如蝉翼般透明的底妆效果，可以在粉底中加入少量的婴儿油，使皮肤看起

来更加滋润、剔透，再加上珠光散粉定妆。（见图2-4-2、图2-4-3）

图2-4-2

图2-4-3

步骤二：打造眼妆

眼影：妆容上可以略为大胆，譬如小烟熏，又或者选择带珠光或金属光泽的眼影，如冰蓝色、冰粉色、金黄色、橘红色等，打造出别具一格的眼妆效果。但不宜过于夸张，总体上要遵循唯美的原则。（见图2-4-4）

眼线：配合眼影可略为夸张，并起到矫正眼形的作用。（见图2-4-5）

睫毛：可选择略夸张的睫毛，重在突出眼部的神采，要做到真假睫毛完美融合，可粘贴下睫毛。（见图2-4-6）

图2-4-4

图2-4-5

图2-4-6

步骤三：打造眉妆

以自然眉形为主，也可以根据妆容的需要利用眉影粉或彩色睫毛膏来改变眉毛的颜色，最后别忘了用螺旋刷刷眉毛，使整个眉形看起来更加协调、自然。（见图2-4-7）

图2-4-7

步骤四：打造唇妆

如突出眼妆，可以选择自然的唇彩、唇蜜或唇冻，不要描画死板的唇线；如突出唇妆，可选择艳丽唇膏，打造性感唇妆。（见图2-4-8）

步骤五：打造腮红

在修饰脸形的同时更要考虑通过腮红让人显得更年轻，将结构式和团式打法结合起来，达到最终所需的效果。（见图2-4-9）

图2-4-8

图2-4-9

化妆造型
设计

二、造型提案

造型上追求自然、随意的发型，注重整体发型的线条感。饰品根据人物的气质来进行选择搭配，或简洁，或夸张，如夸张的欧式饰品、亮眼的水钻饰品、精致的金属饰品、张扬个性的羽毛饰品等，只有合理搭配才能凸显出新娘的独特魅力。（见图2-4-10至图2-4-13）

图2-4-10

图2-4-11

图2-4-12

图2-4-13

时尚个性新娘妆

温馨提示

时尚个性新娘妆在妆容上没有固定的模式，可突出眼妆，也可突出唇妆。总之，在整体色调搭配上可以大胆一些，在整体造型上追求别具一格的效果，力求将新娘独有的气质发挥到极致。

时尚个性新娘妆颜色搭配技巧如下。

搭配技巧一：银白色眼影+肉橘色腮红、口红，妆色显得冷艳脱俗。

搭配技巧二：咖色烟熏眼影+橘色腮红、口红，妆色显得时尚明艳。

搭配技巧三：冰蓝色眼影+较夸张眼线+深玫红色口红，妆色显得高雅艳丽。

课堂实操

同学们三人一组，分别扮演顾客、化妆师、发型师，每组设计并创作一款时尚个性新娘妆造型，包括妆面和盘发，完成任务后按照下表进行评比。

操作准备：1. 准备全套化妆用品。

　　　　　2. 准备盘发工具：电卷棒、尖尾梳、小黑夹、皮筋。

　　　　　3. 准备头饰。

操作要点：1. 底妆干净、服帖，有一定的立体感。

　　　　　2. 眼影过渡自然，眼形矫正美观，眉形自然对称。

　　　　　3. 妆容体现亮点又不失时尚感，整体妆色搭配协调。

　　　　　4. 发型与妆容相配，紧扣主题，整体完整。

评价内容	内容细化	分　值	评分记录			
			学生自评	学生互评	教师评分	备　注
完成情况 （90分）	准备工作	5				
	妆面效果	45				
	发型效果	20				
	整体效果	20				
职业素质 （10分）	团队合作	5				
	服务态度	5				
总　分　100　分						

说明：1. 备注栏可记录扣分原因。
　　　2. 训练时可自由组合，考核时随机组合。

 任务拓展

1. 设计并制作一个别致的新娘头饰，材料不限。

2. 请在给定的下图中完成时尚个性新娘妆妆面及发型效果图，色彩搭配自定，要结合时下流行的时尚元素，在妆面及造型上可大胆创新。工具：铅笔、彩色铅笔、黑色水笔、橡皮。

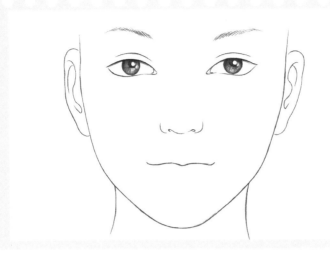

知识延伸

光色对妆色的影响

妆色与光色有着密不可分的联系，不同妆色在不同光色的影响下会产生不同的色彩效果，同时也影响着妆面的实际效果。

一、光源的种类

人们接受的光源有两种，即日光光源和灯光光源。日光光源的特点是色温偏高，光源偏冷，对妆面色彩的影响小。灯光光源的特点是可以变化光色和投照角度，化妆色调在不同色调的灯光下会发生变化。

二、光的冷暖对妆面效果的影响

光按照色相可以分成冷色光与暖色光，冷暖色光可以使相同的妆色发生变化。

冷色光照在冷色妆面上，妆面则显得鲜艳、亮丽。例如，蓝色光照在紫色的妆面上，妆面效果更加冷艳。

暖色光照在暖色的妆面上，妆面的颜色会变浅、变亮，效果比较柔和。例如，红色光照在黄色的妆面上，妆面显得亮丽、自然。

暖色光照在冷色的妆面上或冷色光照在暖色妆面上，都会产生模糊、不明朗的感觉。如蓝色光照在橙红色的妆面或橙红色光照在蓝色妆面上，都会使妆型显得浑浊。

三、各种色调的灯光对妆面的影响

1.普通灯光的演色性。

这种色光一般是低纯度橙黄色的暖色光。在这种光照射下的妆面色彩，黄色光加强了，照射后的色调统一，但明度一般较低。

2. 日光灯的演色性。

这种色光称冷色光，带蓝味。这种灯光下的妆面色彩变化大致如下：红色、橙色系（包括赭石、褐色系）的妆面，色彩、色相没有什么变化，但明度、纯度稍微降低；黄色系的妆面，柠檬黄色会带有青色味，土黄类的纯度变低；青色和绿色系的妆面，基本的色相不太受影响，但会稍微变得更冷，沉着而生辉；紫色系的妆面，色相上会失去一部分红色味，蓝味有所加重。

3. 彩色灯光的演色性。

人们利用色彩的演色性来达到烘托气氛的效果，表现立体感或情调。彩色灯光照射下的妆色变化较大，色相的走向是色光与化妆色彩综合作用下产生的。如果化妆色彩与灯光色相同或近似，受光后原色更鲜艳，色相感更明确；如果化妆色彩与灯光色相异，或是补色关系，受光后的原色变灰暗，色相感更模糊。

四、灯光在化妆中的造型性

如果用光讲究到位，可以有效地突出皮肤的肌理性、层次感。尤其是润饰光，它的作用最为明显，它可以改变模特的面貌。用光时还要特别注意光线角度对造型效果的影响。

1. 正面光。

又称顺光，阴影极少，可表现清晰的影像质感和艳丽的色彩，明暗反差小，无深度幻觉，层次色阶的表现都比较淡薄，正面顺光使皮肤显得细腻光滑、清晰明朗。用高角正面光，会使脸变长；相反，会使脸变短。

2. 侧面光。

采用侧面光，即光源处于面部的横侧面，就会形成明暗参半的效果。

3. 斜射光。

斜射光在人面部的前方45°角投向主体，能适度地表现主体的明暗对比，具有立体感、质感的表现能力。

4. 逆光。

又称背光，在强烈的逆光投射下，面部形成优美的轮廓，但缺乏质感与色彩的表现。光源从主体的后方45°角射出，明亮部位少而阴暗部位多，主体正面大部分被隐没，但有局部的光边，能很好地勾画出面部的线条。

项目总结

本项目结合时下流行列举了比较典型的不同风格的新娘妆。新娘妆的化妆技巧大同小异，关键是要学会根据不同的对象找准不同的风格，并结合时尚潮流，把新娘特有的气质完美地展现出来。作为化妆师，不仅要有化新娘妆的熟练技巧，还应具备较强的设计发型和整体造型的能力，这样才能在竞争激烈的岗位上站稳脚跟。另外，作为化妆师，认真、细致、到位的服务工作也同样重要，给顾客留下良好的印象，有助于提升影楼或形象工作室的声誉。

综合运用

三人一组，分别扮演顾客、化妆师、发型师，为顾客设计并打造结婚当天的主婚纱造型。

具体步骤：1. 与顾客沟通，确定风格，选定服装。

2. 绘制设计稿，画出颈部以上造型，写出设计说明。

3. 课堂上实操，进行新娘化妆发型整体设计，并拍照记录。

4. 顾客进行展示，师生共同点评。

5. 记录作品的优缺点，填写下表。

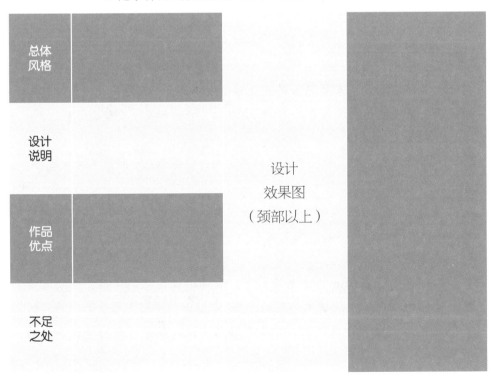

总体风格	
设计说明	设计效果图（颈部以上）
作品优点	
不足之处	

项目三

晚宴化妆造型设计

情境
聚焦

案例一：李静是某企业的高管，工作干练，平时多以职业妆为主。因升迁后工作性质的变化，李静经常出席宴会。李静来到某形象工作室，希望工作室能为她打造合适的晚宴妆造型，让她自信地出现在宴会场合。

案例二：杨丹即将步入婚姻殿堂，除了拍婚纱照，她还想拍摄一套个人的晚宴造型照，以此展现她不同的美。

针对顾客的不同要求，你将如何打造出恰当而又唯美的晚宴造型呢？本项目从不同风格入手，教会你针对不同类型的顾客及不同的场合，采用不同的化妆造型手法。

我们的目标是

着手的任务是

- 浪漫妩媚晚宴妆。
- 清纯俏丽晚宴妆。
- 复古优雅晚宴妆。
- 时尚个性晚宴妆。

- 知晓并能区分四种不同风格晚宴化妆造型的特点。
- 掌握浪漫妩媚、清纯俏丽、复古优雅、时尚个性这四种不同风格晚宴妆的化妆技法，并尝试发型、服饰与妆容之间的整体搭配。

任务实施中

任务一　浪漫妩媚晚宴妆

 任务简介

总体风格：浪漫妩媚晚宴妆整体效果优雅、华丽、高贵，给人柔美、温和感，是艳丽色彩与优美曲线的丰富运用，着重体现轻盈、浪漫的韵味。（见图3-1-1）

适合人群：有着长长的头发，长相柔美、情感丰富的女性。

服装选择：吊带式、低胸、荷叶领、带蕾丝花边的礼服，在色彩上偏于暖色系，如粉色、暖紫色、金橘色等，也可以是色调柔和的中性色或偏冷色。

图3-1-1

实例解析

一、妆容画法

步骤一：打造底妆

首先，选择和肤色接近的粉底进行打底。其次，用比肤色略浅的粉底提亮T字区和U字区。再次，用比肤色略深的粉底修饰脸部轮廓。最后，用珠光定妆粉定妆，制造晶莹剔透的皮肤质感。此外，还可蘸取浅咖色眼影粉修饰鼻侧影，使鼻梁显得更挺。由于正式的社交晚宴，女性通常穿晚礼服，所以裸露在礼服外的皮肤都要用粉底修饰，使整体肤色一致。（见图3-1-2至图3-1-4）

图3-1-2

图3-1-3

图3-1-4

步骤二：打造眼妆

眼影：粉色和紫色的眼影色搭配非常适合体现浪漫妩媚的感觉，可采用段式画法，眼头三分之一用粉色珠光眼影晕染，眼尾三分之二用紫色珠光眼影渲染并与粉色相衔接，眼梢略向后延伸，增添妩媚的感觉。（见图3-1-5）

 相关链接

晚宴眼部化妆的眼影用色简单，且修饰性强。可选用带珠光效果的眼影，以强调眼部的华丽、端庄、含蓄，颜色过渡柔和，用带珠光的米白色眼影提亮眉骨、颧骨等处，增加眼部的立体感。

图3-1-5

眼线：眼线的浓度一定要与整个妆容的色彩浓度相呼应，这样才能在灯光照射下，制造出夸张而协调的亮丽晚宴妆容。

睫毛：为了增加浪漫妩媚的女性魅力，睫毛可粘得略长一些，从眼睛中部开始翘起，营造出一种迷离的感觉。在粘贴时要贴紧睫毛根部，再反复涂抹睫毛膏，使真假睫毛融为一体。（见图3-1-6）

图3-1-6

步骤三：打造眉妆

选择能表现女性柔美妩媚感觉的柳叶眉，粗细可根据整体妆容进行调整。总之，线条要柔和，眉色自然，不宜过黑。（见图3-1-7）

步骤四：打造唇妆

双唇是展现华美妆容的焦点。选择浅玫红色的唇膏配合眼影色，唇形应该画得丰满圆润一些，可将唇峰距离适当拉开，并描画的圆润一些。唇色可做出立体效果，最后涂上唇油，打造出娇艳欲滴的效果。（见图3-1-8）

相关链接

　　为了适应晚宴环境及社交礼仪的需要，涂唇膏后用纸巾吸去多余的油分，然后施一层薄粉，再涂一遍唇膏，这样既可保持妆面牢固持久，还可以避免唇膏遗留在餐具上，影响形象。

步骤五：打造腮红

腮红能够营造整体气氛，在打腮红时可根据人物的脸型进行修饰，色彩选用自然、柔和的粉色腮红。腮红色彩过渡柔和，涂抹面积不宜过大，要与肤色自然衔接。（见图3-1-9）

图3-1-7

图3-1-8

图3-1-9

二、造型提案

浪漫妩媚晚宴妆很适合搭配松散的卷发，也可以将卷发自然松散地盘起。在饰品上可选择轻盈的羽毛、透明的纱、浪漫的花饰等，为整体造型增添浪漫的气息。（见图3-1-10、图3-1-11）

图3-1-10

图3-1-11

温馨提示

在整体搭配上，发型与服饰要庄重高雅，要与妆面整体效果一致，使女性在正式的社交晚宴中展现端庄高雅的个性魅力。要注重一些细节，例如，指甲涂成与唇膏同系列的颜色，饰品佩戴要恰到好处。整体要给人和谐、精致的感觉。

 课堂实操

同学间两两组合，互相练习浪漫妩媚晚宴妆，完成任务后按照下表进行评比。

操作准备：准备全套化妆用品。

操作要点：1. 底妆干净、服帖，立体感较强，通过高光暗影能较好地修饰脸形。

2. 眼影过渡自然，层次丰富，眼形矫正美观，眉形自然对称。

3. 妆容凸显浪漫妩媚之感，整体妆色搭配协调。

评价内容	内容细化	分 值	评分记录			
			学生自评	学生互评	教师评分	备 注
完成情况 （90分）	底妆干净	20				
	眼形美观	20				
	眉形自然	15				
	唇色协调	10				
	腮红柔和	10				
	整体效果	15				
职业素质 （10分）	团队合作	5				
	服务态度	5				
总 分 100 分						

说明：1. 备注栏记录自己作品的优缺点。
　　　2. 训练时可自由组合，考核时随机组合。

 任务拓展

1. 请分析晚宴妆与新娘妆的区别。

2. 请在给定的下图中完成浪漫妩媚晚宴妆妆面效果图，色彩搭配自定，要体现浪漫妩媚的风格。工具：铅笔、彩色铅笔、黑色水笔、橡皮。

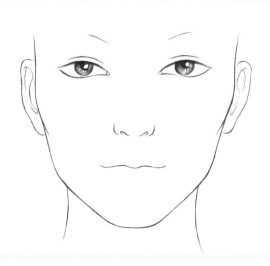

知识延伸

不同类型晚宴妆造型的特点

一、生活型晚宴妆造型特点

生活型的晚宴妆造型注重实用性，适用于正式的社交场合，如公司庆典、颁奖典礼、慈善晚宴等。此社交场合在许多方面沿袭了传统的礼仪，要求出席这种场合的女性形象端庄、高雅，言行举止符合礼仪习惯，对于妆面、服装、饰品等都有着较高的要求。生活型晚宴妆的造型要求健康自然美，强调时尚感，彰显个性特征。服饰与发型要符合妆型，发型样式自然简洁。妆色与服装协调，描画要扬长避短，同时还要细腻自然，妆容效果应以明晰清爽的透明质感为主，突出女性时尚、唯美、个性并存的美。（见图3-1-12）

图3-1-12

二、比赛型晚宴妆造型特点

比赛型晚宴妆有别于生活型晚宴妆，这类化妆往往从妆型、发型、服饰及整体造型上都较生活型晚宴妆更为大胆、夸张，参赛的晚宴妆要求妆型高雅、华贵，妆色艳丽，并适合赛场上的灯光环境。它不单单是将模特画得漂亮，而且要在实用的基础上尽展其艺术效果，反映参赛选手娴熟的化妆技术和艺术底蕴。比赛型晚宴妆造型强调整体的和谐美，在造型上可以夸张，妆型设计必须与服饰风格、模特气质相符合；发型与发饰合理搭配，衬托脸形与服饰；眼部化妆是妆型中的重点，其用色与晕染方法要有前瞻性，符合世界化妆的流行趋势与模特的眼睛条件，可以适当添加闪亮颜色，在突出舞台效果的同时，手法一定要细腻柔和。整体造型注重实用性和艺术性的关系，不仅要给观赏者留下深刻印象，而且还要让观赏者从中得到借鉴。（见图3-1-13）

图3-1-13

三、时尚创意晚宴妆造型特点

时尚创意晚宴妆造型是在比赛型晚宴妆的基础上的艺术再创作，主要是用来欣赏，因此在夸张程度上高于比赛型晚宴妆。其造型目的多用于技术交流，主要是为了展现化妆师精湛的化妆技术和超凡的创作理念，通过作品的展示传达作者的艺术构思和对时尚的剖析与诠释。眼部化妆通常是时尚创意晚宴妆的设计重点，可以添加富有创意的装饰物，它在妆色与妆型、服饰与发型的整体造型中无固定模式和局限性，可无限夸张，但最后的整体造型效果依然围绕真、善、美的主题。（见图3-1-14）

图3-1-14

任务二　清纯俏丽晚宴妆

 任务简介

总体风格：整体风格清新、俏皮、甜美、可爱，在妆容上突出娃娃般纯真的气质。（见图3-2-1）

适合人群：适合长相乖巧、五官圆润、年龄感偏小、性格活泼开朗的女性。

服装选择：适合吊带、公主裙式、泡泡袖款式的晚礼服，上面有小花、蝴蝶结等饰品点缀。

图3-2-1

 实例解析

一、妆容画法

步骤一：打造底妆

粉底要轻薄、通透，要有立体感，主要体现在鼻梁和整体脸形的修饰。要体现清纯的感觉需将脸形修饰得更为饱满、圆润，无须将颧骨下陷的部位表现出来。（见图3-2-2、图3-2-3）

步骤二：打造眼妆

眼影：眼妆的色彩一般根据服装颜色而定，适合选择明度纯度偏高的颜色，当然也可以适当加一些辅助色，如绿色和黄色、蓝色和

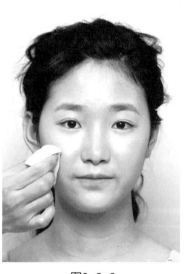

图3-2-2

粉色等来搭配。以粉橘色眼影为例，上下眼影用粉橘色，睫毛根部用棕橘色加深，眼影的画法采用渐层晕染的手法。（见图3-2-4）

眼线：通过眼线将眼形画得圆一些、大一些，眼线可以画的略粗，为了防止眼线晕开，可以用黑色眼影在眼线上按压。（见图3-2-5）

睫毛：假睫毛可以粘贴得浓密一些，选择中间偏长的假睫毛，让眼睛看起来更大更圆，也可以粘贴下睫毛，展示出娃娃般纯真的大眼睛。（见图3-2-6）

图3-2-3

图3-2-4

图3-2-5

图3-2-6

步骤三：打造眉妆

眉毛的描画要自然、粗短，平直的眉形可以
起到减龄的效果，当然也要考虑到模特的脸型。
（见图3-2-7）

步骤四：打造唇妆

唇峰不要拉得太远，整个嘴唇要圆润、饱
满。唇膏要涂得薄一些、透一些，可再涂一些唇
彩，表现唇部滋润的感觉。配合眼影颜色，选择
淡粉色的口红。（见图3-2-8）

步骤五：打造腮红

腮红可选择团式打法，色彩尽量选择嫩粉
色或蜜桃色，体现出少女般的清纯感。（见图
3-2-9）

图3-2-7

图3-2-8

图3-2-9

二、造型提案

清纯俏丽晚宴妆比较适合放射状、不对称式或向两侧走的发型，不适合高
耸的盘发。在发饰选择上，可以多选用彩带、蝴蝶、花朵、彩色珠类等小巧可
爱的饰品进行点缀。（见图3-2-10、图3-2-11）

图3-2-10　　　　　　　　　　　　　　图3-2-11

清纯俏丽晚宴妆

🍎温馨提示

　　清纯俏丽晚宴妆重点是打造通透粉嫩的肌肤，以及无辜水灵的大眼睛，妆面上看起来有减龄的效果。眼影色彩搭配还可以选择：粉色+黑色，橘色+深咖色，嫩黄色+浅绿色。

　课堂实操

　　同学间两两组合，互相练习清纯俏丽晚宴妆，完成任务后按照下表进行评比。

　　操作准备：准备全套化妆用品。

　　操作要点：1.底妆干净、通透、服帖，脸形饱满、圆润。

　　　　　　　2.眼影过渡自然，通过眼线、睫毛将眼形变大、变圆。

　　　　　　　3.妆容凸显清纯俏丽之感，整体妆色搭配协调。

评价内容	内容细化	分　值	评分记录			
			学生自评	学生互评	教师评分	备　注
完成情况 （90分）	底妆干净	20				
	眼形美观	20				
	眉形自然	15				
	唇色协调	10				
	腮红柔和	10				
	整体效果	15				
职业素质 （10分）	团队合作	5				
	服务态度	5				
总　分　100　分						

说明：1. 备注栏记录自己作品的优缺点。

　　　2. 训练时可自由组合，考核时随机组合。

任务拓展

1. 课外了解清纯俏丽晚宴妆的妆面特点及画法，用文字记录下来。

_____

_____

_____

_____

_____

_____

_____

2. 请在给定的下图中完成清纯俏丽晚宴妆妆面效果图，色彩搭配自定，要体现清纯俏丽的风格。工具：铅笔、彩色铅笔、黑色水笔、橡皮。

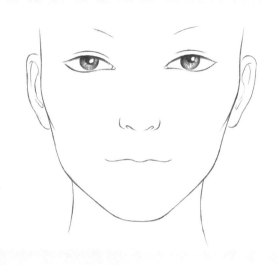

 知识延伸

生活晚宴妆分类

　　晚宴妆形式丰富多彩，力求突出个人的独特魅力与风采，或娇艳，或优雅，或古典，或可爱。化妆师需掌握不同晚宴妆的表现方法，根据不同对象的气质、长相进行设计，让女性在宴会中闪耀光彩，使人赏心悦目。生活晚宴妆按不同场合可分为休闲型晚宴妆、商务型晚宴妆以及派对型晚宴妆。

图3-2-12

　　一、休闲型晚宴妆

　　参加朋友聚会、聚餐、生日宴会、毕业舞会等可选择休闲型晚宴妆。可以对造型进行大胆的想象，标新立异，采用强对比的色彩来表现化妆对象的热情活泼，突出化妆对象的个性特征。（见图3-2-12）

　　二、商务型晚宴妆

　　出席较为严肃的商务谈判、大型会议等可选择商务型晚宴妆。服装以端庄大气、面料考究的职业套装为主，造型不宜夸张，线条柔和自然，妆

色宜选择含蓄典雅，中低明度和纯度的色彩，塑造端庄高贵的形象。（见图3-2-13）

三、派对型晚宴妆

出席气氛较为轻松热烈的酒会、颁奖礼等可选择派对型晚宴妆。服装可选用高贵别致的晚礼服，造型可以适度夸张，妆色可选择时尚流行色彩，塑造或轻松浪漫，或冷艳妩媚的形象，但是不可过于怪异。（见图3-2-14）

图3-2-13

图3-2-14

任务三　复古优雅晚宴妆

 ## 任务简介

总体风格：复古造型就是借鉴某个年代的人物造型的风格特点，再加入现代流行元素所完成的时尚造型。本次任务是借鉴20世纪五六十年代欧美女星的华丽妆容。细挑眼线加上烈焰红唇彰显出女性的优雅，整体造型要凸显高贵冷艳的贵族气质，又不失神秘奢华的韵味。（见图3-3-1）

适合人群：适合面部五官轮廓立体感强，长相成熟、气质高贵的女性。

服装选择：改良旗袍，垂感好的鱼尾形或修身形的服装，也可以选择宫廷感的服装，蓬起的大摆、束腰等。

图3-3-1

实例解析

一、妆容画法

步骤一：打造底妆

底妆要追求五官的立体，利用深浅不同的粉底来打造立体的底妆。尤其要通过暗影强调颧骨下陷的感觉，将脸形修饰得小巧立体。干净立体的底妆是画晚妆的基础，要尽力遮盖面部瑕疵，改善皮肤颜色和质感。（见图3-3-2、图3-3-3）

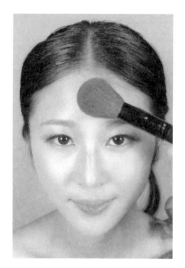

图3-3-2　　　　　　　　　　　图3-3-3

步骤二：打造眼妆

眼影：眼影可弱化，只用咖啡色淡淡晕染，眼尾靠近睫毛根部用深咖色加深，制造深邃感，眉弓骨用米白色提亮，体现眼部立体感。（见图3-3-4）

眼线：眼线的描画很重要，紧贴睫毛根部，用眼线膏描画眼线，重点是在眼尾处拉长5～8 mm，并自然上挑，勾勒出一丝神秘感。然后将睫毛空隙填满，不要遗漏内眼角。下眼线可描画后眼尾三分之一，与上眼线自然衔接。（见图3-3-5）

睫毛：尽量用睫毛夹将真睫毛夹翘，用睫毛膏将睫毛刷卷翘，可以适当浓密些。粘贴假睫毛时，选择眼尾略长于眼头的假睫毛，要做到与自身睫毛浑然一体。（见图3-3-6）

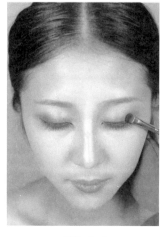

图3-3-4　　　　　　　　图3-3-5　　　　　　　　图3-3-6

步骤三：打造眉妆

整体眉形要细挑一些，眉形要描画得清晰精致。用眉笔加强眉尾线条感，保持眉头的清淡自然。可以用睫毛膏轻刷眉毛，使眉形富有立体感。（见图3-3-7）

步骤四：打造唇妆

高调艳丽的红唇是妆容的重点，可利用唇线笔勾勒出饱满而丰厚的唇形，然后再用饱和度很高的唇膏细心描画。例如，玫瑰红色、大红色、朱红色等都可以根据妆容选择，来营造明艳高贵的效果。唇的轮廓要清晰，色彩艳丽。首先用粉

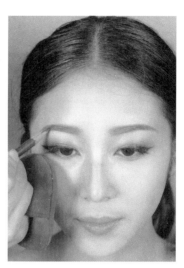

图3-3-7

底或遮盖霜涂敷在需要矫正的唇边缘，用唇线笔勾画轮廓，然后在轮廓内添满唇膏，如要打造水润的效果则涂上唇彩。（见图3-3-8）

步骤五：打造腮红

唇色浓郁，腮红就要弱化，只需斜向轻扫，与暗影自然衔接。一般运用结构式打法，起到修饰脸形的作用。（见图3-3-9）

图3-3-8

图3-3-9

二、造型提案

适合饱满的发髻，不需要刘海，露出光洁的额头和两颊肌肤，简洁大方；也可以选择手推波纹，营造复古感；或者头发整体往后梳，使头发带点蓬松的弹性；也可利用假发将头发盘高，配上华丽高贵的发饰。高贵的珍珠、华丽的羽毛、浪漫的蕾丝等饰品都是不错的选择。（见图3-3-10、图3-3-11）

图3-3-10

图3-3-11

课堂实操

同学间三人一组，分别扮演顾客、化妆师、发型师，每组设计并创作一款复古优雅晚宴妆造型，包括妆面和盘发，完成任务后按照下表进行评比。

操作准备：1. 准备全套化妆用品。

　　　　　2. 准备盘发工具：电卷棒、尖尾梳、小黑夹、皮筋等。

操作要点：1. 底妆干净、服帖，通过高光暗影较好地修饰脸形。

　　　　　2. 欧式眼妆结构准确，描画立体，眉形偏细挑。

　　　　　3. 妆容凸显复古优雅之感，整体妆色搭配协调。

　　　　　4. 发型与妆容相配，紧扣主题，整体完整。

评价内容	内容细化	分 值	评分记录			
			学生自评	学生互评	教师评分	备 注
完成情况 （90分）	准备工作	5				
	妆面效果	45				
	发型效果	20				
	整体效果	20				
职业素质 （10分）	团队合作	5				
	服务态度	5				
总 分 100 分						

说明：1. 备注栏可记录扣分原因。

2. 训练时可自由组合，考核时随机组合。

 任务拓展

1. 近几年复古风流行，尤其是模仿20世纪五六十年代的女星造型。要求通过网络收集20世纪五六十年代中外知名女星图片，从服饰、妆容、发型三个方面进行对比分析，并制作成PPT。

2. 请在给定的下图中完成优雅复古晚宴妆妆面及发型效果图（颈部以上），色彩搭配自定，要体现复古的风格。工具：铅笔、彩色铅笔、黑色水笔、橡皮。

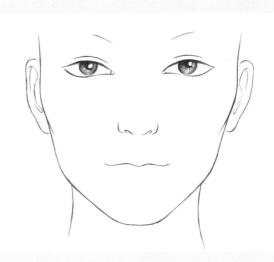

✍ 知识延伸

整体造型设计

形象设计艺术要素包括以下几个方面：体形要素、发型要素、化妆要素、服装款式要素、配饰要素、个性要素、心理要素、文化修养要素。

体形要素：形象设计诸要素中最重要的要素之一。良好的形体会给形象设计师施展才华留下广阔的空间。完美的体形固然要靠先天的遗传，但后天的塑造也是相当重要的。长期的健体护身、饮食合理、性情宽容豁达，将有利于长久地保持良好的形体。

发型要素：随着科学的发展，美发工具的更新，各种染发剂、定型液、发胶层出不穷，为塑造千姿百态的发型式样提供了可能，而发型的式样和风格又将极大地体现出人物的性格及精神面貌。

化妆要素：化妆是传统、简便的美容手段，化妆用品的不断更新，使过去简单的化妆扩展到当今的化妆保健，使化妆有了更多的内涵。"淡妆浓抹总相宜"，从古至今人们都偏爱梳妆打扮，特别是逢年过节，喜庆之日，更注重梳头和化妆，可见化妆对展示自我的重要性。淡妆高雅、随意，彩妆艳丽、浓重。施以不同的妆容，与服饰、发式和谐统一，将更好地展示自我、表现自我。化妆在形象设计中起着画龙点睛的作用。

服装款式要素：服装造型在人物形象中占据着很大的视觉空间。因此，也是形象设计中的重头戏。服装能体现年龄、职业、性格、时代、民族等特征，同时也能充分展示这些特征。当今社会，人们对服装的要求已不仅是干净整洁，而是增加了审美的因素。服装在造型上有A字形、V字形、直线形、曲线形；在比例上有上紧下松或下紧上松；在类型上有传统的含蓄典雅型、现代的外露奔放型。服装在形象设计中运用得当、设计合理，将会使人的体形扬长避短。

配饰要素：配饰的种类很多，颈饰、头饰、手饰、胸饰、鞋子、包袋等都是人们在穿着服装时最常用的配饰。配饰的材质和色泽的不同，使设计出的造型千姿百态，合理地使用配饰能恰到好处地点缀服饰和人物的整体造型。它能使灰暗变得亮丽，使平淡增添韵味。如何选择佩戴配饰，能充分体现人的穿着品位和艺术修养。

个性要素：在进行全方位包装设计时，要考虑一个重要的因素，即个性要素。回眸一瞥、开口一笑、站与坐、行与跑都会流露出人的个性特点。忽略人的气质、性情等个性条件，一味地追求穿着的时髦、佩戴的华贵，只会被人笑为"臭美"。只有当"形"与"神"达到和谐时，才能创造一个自然得体的形象。

心理要素：人的个性有着先天的遗传和后天的塑造，而心理要素更多的是取决于后天的培养和完善。高尚的品质、健康的心理、充分的自信，再配以合适的服饰，是人们迈向事业成功的第一步。

文化修养要素：人与社会、人与环境、人与人之间是有着相互联系的，在社交中，谈吐、举止与外在形象同等重要。良好的外在形象是建立在自身的文化修养基础之上的，而人的个性及心理素质则要靠丰富的文化修养来调节。具备了一定的文化修养，才能使自身的形象更加丰满、完善。

在形象设计中，如果将体形要素、服饰要素比为"硬件"的话，那么文化修养及心理素质则是"软件"。"硬件"可以借助形象设计师来塑造和变化，而"软件"则需靠自身的不断学习和修炼。"硬件"和"软件"合二为一时，才能达到形象设计的最佳效果。（见图3-3-12、图3-3-13）

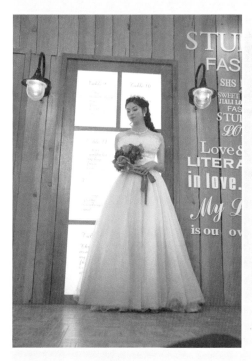

图3-3-12

图3-3-13

任务四 时尚个性晚宴妆

 任务简介

总体风格：时尚个性晚宴造型追求的是与众不同的效果，重在体现独特的个性魅力，需要化妆师发挥自己的灵感、大胆创新，打造出时尚、大气、别具一格的造型效果。（见图3-4-1）

适合人群：身材高挑、面部较骨感、时尚感强、气质较好的女性。

服装选择：选择具有时尚感的款式，如简洁的吊带式、低胸式、露背式、斜肩式、包身鱼尾式、拖尾式等。

图3-4-1

实例解析

一、妆容画法

步骤一：打造底妆

底妆重点是凸显面部轮廓，采用立体打底方法。首先，用与肤色接近的粉底调整和统一肤色，再用浅色粉底将T字区、下眼睑三角区、下巴中间处提

亮。其次，用深色粉底打出面部轮廓。最后，用珠光粉定妆。（见图3-4-2、图3-4-3）

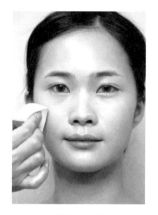

图3-4-2　　　　　　　　　　　　　图3-4-3

步骤二：打造眼妆

眼影：可采用夸张的前移、后移、大烟熏，也可以选择渐层、大倒钩等。以蓝色大烟熏为例，用浅蓝色眼影渐层晕染整个眼部，范围要大于平时，包括下眼影，边缘虚开；然后用深蓝色眼影自睫毛根部作渐层晕染，范围略小于浅蓝色；再用黑色眼影自睫毛根部晕染，重点在眼尾，范围小于深蓝色。三色之间相互融合，体现层次，眼尾的形状可以是圆弧形或者尖形。（见图3-4-4）

眼线：要用浓重框画式画法，并和眼影自然衔接，将眼神的魅力强调出来。烟熏的重点是模糊眼线与眼影之间的界限，画好眼线后，再用亚光黑色眼影晕染，模糊界限。（见图3-4-5）

睫毛：可选用双层睫毛来搭配浓郁的眼妆。为加强效果，贴好假睫毛后可再用眼线液描画眼线。（见图3-4-6）

图3-4-4　　　　　　　　图3-4-5　　　　　　　　图3-4-6

❀ 相关链接

可根据服装的色彩搭配相应的妆容，有一个简单规律：若服装颜色为暖色系可以在妆容中加入金色，若服装颜色为冷色系可以在妆容中加入银色。这样，整体妆容的时尚感将随之提升。

步骤三：打造眉妆

根据脸形设计出棱角较为分明的眉形。描画时，可以先用眉笔轻轻地定出眉毛的宽度和形状，然后用眉笔一根根填满，注意眉毛的层次和过渡。（见图3-4-7）

步骤四：打造唇妆

嘴唇的修饰一定要有立体感，可以选用较深的唇膏强调轮廓，再用金色或银色（与妆容协调的颜色）突出嘴唇中部的位置，强调立体感。（见图3-4-8）

步骤五：打造腮红

腮红可选用深棕色加少量的肉粉色，不需要太过明显，在暗影的上方斜向轻扫，起到修饰脸形的作用。（见图3-4-9）

图3-4-7　　　　　　　　图3-4-8　　　　　　　　图3-4-9

二、造型提案

时尚个性晚宴装的发型是变化多样的，或简洁、随意，或高耸、夸张，但一定要与整体效果相协调。在发饰选择上，可以多选用华丽的珍珠饰品、高档

的皮毛饰品、金属质感的饰品等。（见图3-4-10、图3-4-11）

图3-4-10　　　　　　　　图3-4-11　　　　　　时尚个性晚宴妆

🍅**温馨提示**

　　大烟熏的眼妆很容易画脏画花，为避免这个问题，在晕染时要注意以下几点。

　　第一，眼影粉一次不要蘸得太多，避免掉渣。

　　第二，每一次落笔都落在最深的地方，然后慢慢地晕开。

　　第三，逐步加深，循序渐进，不要一下子画得很浓，万一画脏，修改很麻烦。

　　第四，一般眼影由浅至深画，但有能力的同学也可以尝试从深至浅画，关键是深浅颜色过渡自然、层次丰富。

　　大烟熏的眼影颜色咖啡色+黑色使用最普遍，但也可以选择其他颜色，如浅灰色、深灰色+黑色，浅蓝色、深蓝色+黑色，浅绿色、深绿色+黑色，浅紫色、深紫色+黑色等。总之，眼影色要浓重，一般离不开和黑色的搭配。

　课堂实操

　　同学间三人一组，分别扮演顾客、化妆师、发型师，每组设计并创作一款时尚个性晚宴妆造型，包括妆面和盘发，完成任务后按照下表进行评比。

操作准备：1. 准备全套化妆用品。

2. 准备盘发工具：电卷棒、尖尾梳、小黑夹、皮筋等。

操作要点：1. 底妆干净、立体，通过高光暗影较好地修饰脸形。

2. 大烟熏眼妆晕染细腻，层次丰富，眼形漂亮，眉形对称自然。

3. 妆容凸显时尚之感，具有较强的视觉冲击力，整体妆色搭配协调。

4. 发型与妆容相配，紧扣主题，整体完整。

评价内容	内容细化	分　值	评分记录			
			学生自评	学生互评	教师评分	备　注
完 成 情 况（90分）	底妆干净	20				
	眼形美观	20				
	眉形自然	15				
	唇色协调	10				
	腮红柔和	10				
	整体效果	15				
职 业 素 质（10分）	团队合作	5				
	服务态度	5				
总 分 100 分						

说明：1. 备注栏记录自己作品的优缺点。

2. 训练时可自由组合，考核时随机组合。

任务拓展

1. 通过网络收集时尚、个性、夸张的晚宴妆图片（不少于8张），并分析其妆面及造型特点，制作成PPT上交。

2. 请在给定的下图中设计一款时尚个性晚宴妆效果图（包括发型饰品设计），色彩搭配自定，要体现时尚个性的风格。工具：铅笔、彩色铅笔、黑色水笔、橡皮。

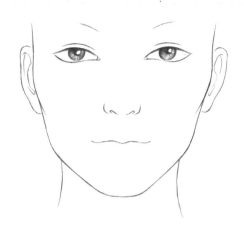

 知识延伸

化妆色彩搭配的情感传达

化妆离不开色彩搭配，一个好的妆面首先是成功的色彩搭配，尤其是晚宴妆更能体现丰富的色彩。一名优秀的化妆师必须具备很强的色彩搭配能力。色彩能传递情感，同时它也有搭配技巧，下面让我们来进行了解。

一、化妆常用色彩搭配

1. 同类色搭配。

同类色搭配是化妆中的常用搭配。同类色搭配指仅用一种光谱色的深浅变化来体现层次感，给人以清新、干净、和谐的视觉感受，但过分使用会给人单调感。（见图3-4-12）

图3-4-12

2. 邻近色搭配。

邻近色搭配是指取色相环上相邻的区间，如红橙黄、绿蓝紫等色段，在区间进行搭配变化。邻近色搭配会让人感觉温和、协调，又有一些变化，为化妆师常用搭配。往往用两种及以上的光谱色来体现色彩层次感，如蓝色与紫色、珊瑚红色与橙色的搭配。（见图3-4-13）

3. 对比色搭配。

与同类色搭配相反，对比色搭配是取色相环上冷暖悬殊、冲突强烈的色彩进行搭配。除了红绿、蓝橙、黄紫这三种强烈的对比色组合外，玫红色与绿色、蓝色与明黄色等也是不错的对比色搭配的选择。对比色搭配艳丽、野性，具有强烈的装饰效果，常用于T台妆、水果妆、艺术妆等。（见图3-4-14）

图3-4-13　　　　　　　　　　　　　图3-4-14

二、色彩搭配的情感传达

化妆设计中，选择什么色彩组合并不是最重要的，关键在于选择的色彩是否与设计风格、对象气质、肤色等相协调。

1. 冷色调搭配的情感传达。

冷色调源于大自然中的苍天、雪地、大海等景物，给人沉静、干净、遥远、冰凉的知觉感受。从色相匹配上，适合冷色调肤色的女性。从色彩情感上，能体现女性典雅、文静、浪漫、理性的气质特征。

2. 暖色调搭配的情感传达。

暖色调源于大自然中的阳光、火焰等事物，给人热烈、浓重、亲近、温暖的知觉感受。从色相匹配上，适合暖色调肤色的女性。从色彩情感上，能体现女性温柔、灿烂、快乐、华丽的气质特征。

下面让我们通过表格来具体了解冷色调和暖色调的搭配所带来的情感传达。

色 彩 搭 配		情感传达
冷色调搭配	以淡柔的蓝绿色为基调，如蓝紫色+绿色，淡蓝色+淡紫色	清新透明
	以浓重的蓝紫色为基调，如宝蓝色+银白色，深蓝色+浅紫色	冷艳妩媚
	以紫色为基调，如浅紫色+粉色，深紫色+艳红色	雅致华丽
暖色调搭配	以粉红色为基调，如粉红色+绿色，粉红色+明亮的黄绿色，粉红色+紫色	娇嫩甜美
	以橙色系为基调，如橙色+黄色，橙色+红色，橙色+嫩绿色	快乐热情
	以金棕色、金橙色为基调，如金色+棕色，金橙色+墨绿色	古典稳重

 项目总结

著名的时尚专家可可·香奈儿曾经说过，流行的风吹来吹去，只有风格永存！化妆造型也是如此，妆容在不断地变化更新，但风格是不会变的。妆面的画法不要受到局限，关键是把握风格的精髓。作为一名化妆师，要做到紧跟流行的脚步，但又不迷失于潮流，要有自己独到的审美眼光，再加上高超的化妆技法，才能创造出赏心悦目的作品。

 综合运用

综合所学的内容，为自己设计一个参加酒会的晚宴造型。

具体步骤：1.分析自身的长相、气质、身材，并总结出适合何种风格。

2. 绘制设计效果图，包括妆面和发型。写出设计说明，包括服饰、妆型和发型。请将相关内容填写在下表中。工具：铅笔、彩色铅笔、黑色水笔等。

3. 为自己化妆造型，完成整体造型，并拍照记录。

4. 课堂中分享设计成果。

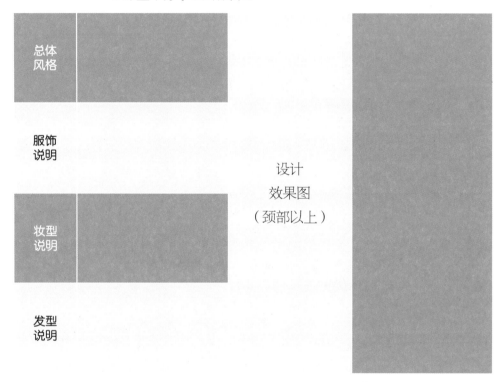

总体
风格

服饰
说明

妆型
说明

发型
说明

设计
效果图
（颈部以上）

项目四

特色服装化妆造型设计

**情境
聚焦**

　　案例：杨丹的婚纱照已拍完白纱和晚礼服造型，她还想展现自己多角度的美，为此化妆师还给她打造了一系列特色服装造型，如旗袍造型、韩服造型等，展现了杨丹不同角度的美。

　　不同民族、不同国度的特色服装造型一直受到人们的喜爱，尤其在影楼，特色服装造型是不可或缺的一块内容。这就要求专业的化妆造型师能根据各个国家和民族的风俗习惯以及服装特点来进行创新造型，并通过摄影的手段展现出来。本项目就是教大家如何来打造特色服装的化妆造型。

我们的目标是

着手的任务是

- 知晓唐装的整体形象特点，并掌握唐装的妆面画法。
- 知晓宫廷服整体形象特点，并掌握宫廷服的妆面画法。

- 唐装化妆造型。
- 宫廷服化妆造型。

任务实施中

任务一　唐装化妆造型

 任务简介

　　唐装造型是中式古典风格中非常有代表性的造型。唐装造型在影楼、影视剧、舞台演出中有广泛的应用。本次任务主要掌握人像摄影的唐装造型。用于人像摄影的唐妆妆面沿袭了唐代柳叶眉、丹凤眼的妆容特点，妆面颜色桃红、紫红均可，同时结合现代化妆技巧，整体显得妩媚动人。（见图4-1-1）

图4-1-1

实例解析

一、妆容画法

步骤一：打造底妆

　　基础底根据肤质打薄或者打厚，整体稍白。T字部位、下巴中间、脸颊三角区用高光提亮，暗影根据脸形大小特点来打，最终要使脸形丰满、圆润。定妆可稍厚一些，使妆容更持久。（见图4-1-2、图4-1-3）

步骤二：打造眼妆

　　眼影：顺眼线斜面延长，重点在眼尾，颜色多以红色为主，颜色的深浅根据服装来定，晕染做到有形无边。眼头用金色或偏金的颜色提亮，与红色衔接，过渡要自然。下眼影重点描画后二

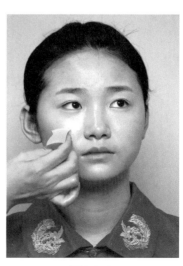

图4-1-2

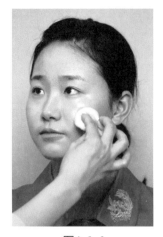

图4-1-3　　　　　　　　　　　　图4-1-4

分之一，并与上眼影衔接。（见图4-1-4）

　　眼线：顺着眼形斜向上拉长3～5 mm，并上扬一些。上眼线要略粗，可用黑色渲染；下眼线画后三分之一，并与上眼线衔接。（见图4-1-5）

　　睫毛：将睫毛夹翘，并粘贴假睫毛，要略浓密，然后刷上睫毛膏。（见图4-1-6）

图4-1-5　　　　　　　　　　　　图4-1-6

　　步骤三：打造眉妆

　　眉毛可画成弯弯的柳叶眉，也可上扬显出一些霸气。有的结合唐代眉形特点把眉毛延长。但最后还是以妆面需要而定。（见图4-1-7）

　　步骤四：打造唇妆

　　唇妆颜色以红色为主，画成花瓣唇，唇形饱满、圆润，用一品红色、桃红色、玫红色都可以。（见图4-1-8）

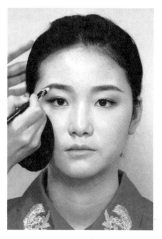

图4-1-7 图4-1-8

步骤五：打造腮红

腮红颜色与眼影和唇色相协调，沿发际线边缘斜向晕染，起到修饰轮廓、衔接色调的作用，腮红颜色可略重，给人以富贵华丽之感。（见图4-1-9）

步骤六：描画花钿

接下来描画花钿。首先，构思好花钿的形状。其次，用画笔蘸取红色油彩，在眉心偏上的位置描画出花瓣的形状，注意图形对称、过渡自然。再次，用金色点缀。最后，可用白色勾边，加强对比，使图案更清晰。花钿要描画得大小恰当，干净美观。（见图4-1-10）

图4-1-9 图4-1-10

化妆造型
设计

二、造型提案

唐代发型的典型特点是饱满有形、造型多变，标准造型三包头。头饰则通常以鲜花和绢花为主，其中牡丹花更是唐代女性不可或缺的装饰物。另外，步摇、钗、簪、玉石、翠羽等也是唐代女性身上较为常见的配饰。唐装造型给人以艳丽、妩媚、大气的感觉。（见图4-1-11）

图4-1-11

唐妆

 知识链接

不同时期唐装化妆造型的特点

初唐时期流行"柳叶眉"，中唐时期流行"八字眉"，晚唐时期最有代表性的是"桂叶眉"。

初唐时期的造型简朴、清淡，头发上用梳子作装饰；中唐时期的造型用假发来制造宽大的发式；晚唐时期发型高度变低，横向宽大，头上多戴牡丹花。

 课堂实操

同学间两两组合，互相练习唐妆，完成任务后按照下表进行评比。

操作准备：准备全套化妆用品。

操作要点：1. 底妆干净、白皙，脸形饱满、圆润。

2. 眼影过渡自然，眼形拉长，具有"丹凤眼"效果。

3. 唇形圆润、饱满，腮红自然，整体协调。

评价内容	内容细化	分 值	评分记录			
			学生自评	学生互评	教师评分	备 注
完成情况 （90分）	底妆干净	15				
	眼形美观	20				
	眉形自然	10				
	唇色协调	10				
	腮红柔和	10				
	花钿美观	10				
	整体效果	15				
职业素质 （10分）	团队合作	5				
	服务态度	5				
总 分 100 分						

说明：1. 备注栏记录自己作品的优缺点。
　　　2. 训练时可自由组合，考核时随机组合。

 任务拓展

1. 通过网络从历史的角度进一步挖掘唐代的妆面及造型特点，并制作成PPT，至少10页。

2. 请在给定的下图中设计一款唐装的妆面及造型效果图（颈部以上，包括发型头饰）。工具：铅笔、彩色铅笔、黑色水笔、橡皮。

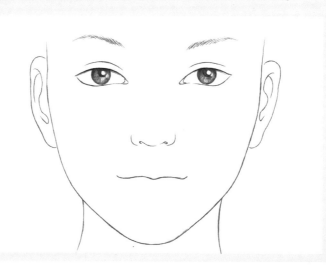

🎵 知识延伸

唐代妆面特点

一、唐代妆面介绍

1. 善用胭脂，流行的胭脂妆画法有"檀晕妆""桃花妆""飞霞妆"。

2. 流行的眉型：鸳鸯眉、小山眉、分梢眉、柳叶眉、桂叶眉。

3. 流行面部贴饰：额黄、花钿、斜红、点唇。

4. 化妆过程大致可以分为7个步骤：涂铅粉→上胭脂→画黛眉→染额黄→点面靥→描斜红→涂唇脂。（见图4-1-12）

图4-1-12

二、唐代眉型

古代画眉风气中最盛的当数唐代。从唐代古画及各类古籍资料来看，唐代流行的眉型有十五六种甚至更多。（见图4-1-13）据史料记载，唐明皇曾命令画工画出"十眉图"，作为修眉参考样式。这十种眉型分别是：鸳鸯眉(又名八字眉)、小山眉(又名远山眉)、五岳眉、三峰眉、垂珠眉、月棱眉(又名却月眉)、分梢眉、涵烟眉、拂云眉(又名横烟眉)、倒晕眉。

〜 〜	贞观年间（627—649）
ヽ ／	麟德元年（664）
╲ ／	总章元年（668）
ゝ ／	垂拱四年（688）
﹀ ﹀	如意元年（692）
╲ ╱	万岁登封元年（696）
﹀ ﹀	长安二年（702）
﹀ ﹀	神龙二年（706）
━ ━	景云元年（710）
╲ ╱	先天二年至开元二年（713—714）
﹀ ﹀	天宝三年（744）
╲ ╱	天宝十一年（752）
〜 〜	约天宝元年至元和元年（约742—806）
● ●	约贞元末年（约805）
〜 〜	晚唐（约828—907）

图4-1-13

三、花钿

花钿是古时妇女脸上的一种花饰。花钿以红色为主，以金、银制成花形，蔽于脸上，是唐代比较流行的一种首饰。花钿的形状除梅花状外，还有各式小鸟、小鱼、小鸭等，十分新颖。（见图4-1-14）

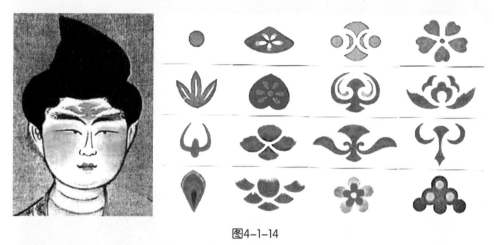

图4-1-14

延伸阅读

习近平总书记在二十大报告中指出：

加快建设国家战略人才力量，努力培养造就更多大师、战略科学家、一流科技领军人才和创新团队、青年科技人才、卓越工程师、大国工匠、高技能人才。加强人才国际交流，用好用活各类人才。深化人才发展体制机制改革，真心爱才、悉心育才、倾心引才、精心用才，求贤若渴，不拘一格，把各方面优秀人才集聚到党和人民事业中来。

任务二 宫廷服化妆造型

 任务简介

人像摄影中宫廷复古风非常流行。欧洲宫廷
服装性感、浪漫、华丽而又高贵，比较适合五官
立体、身材曲线效果较好的女性穿着。化妆时以
表现面部立体结构为主，妆面生动，具有欧化效
果，一般称之为欧式妆。（见图4-2-1）

实例解析

一、妆容画法

图4-2-1

步骤一：打造底妆

底妆要追求五官轮廓凹凸有致的立体感，利用深浅不同的粉底来打造立
体的底妆。尤其要通过暗影强调颧骨下陷的感觉，将脸形修饰的小巧立体。
可大胆采用珠光定妆粉进行定妆，表现出皮肤的莹润质感。（见图4-2-2、图
4-2-3、图4-2-4）

图4-2-2

图4-2-3

图4-2-4

步骤二：打造眼妆

眼影：眼影可选择金棕色、棕红色、砖红色、深咖啡色等眼影色，运用强调眼窝凹陷处的抠线技巧突出眼部立体感。抠线分实和虚，下面给大家示范的是虚化抠线技巧。首先用咖啡色眼影自眼尾沿着眼窝凹陷处向内晕染，制造出眼窝凹陷的感觉，带出鼻侧影。（见图4-2-5）然后用黑色眼影同样由眼尾向内从深到浅晕染加强层次，眼尾处最深，抠线、上眼睑眼影、下眼睑眼影最终交汇于眼尾并适当拉长虚化。（见图4-2-6）最后，抠线下方、眼头、眉弓骨分别用浅金色提亮，增强对比，体现眼部立体感。（见图4-2-7）

图4-2-5   图4-2-6   图4-2-7

眼线：眼线在眼尾处拉长5 mm左右，并自然上挑，勾勒出一丝神秘感。（见图4-2-8）

睫毛：尽量用睫毛夹将真睫毛夹翘，用睫毛膏将睫毛刷卷翘，可以适当浓密些。粘贴假睫毛，选择眼尾略长于眼头的假睫毛，要做到与自身睫毛浑然一体。（见图4-2-9）

图4-2-8   图4-2-9

技法链接

欧式眼妆

半抠式：半抠式欧式眼妆着重表现眼睛后半部分，类似于大倒抠，眼尾抠线最深，往眼部中间逐渐减弱直至消失，眼头前部和眉弓骨提亮。（见图4-2-10）

全抠式：全抠式欧式眼妆根据眼睛形状全线抠线，更加立体、明显地表现出眼部的凹陷感以及鼻梁的挺拔。（见图4-2-11）整条抠线可以前深后浅（前欧式），也可以前浅后深（后欧式）。

图4-2-10　　　　　　　　　　图4-2-11

步骤三：打造眉妆

整体眉形要细挑一些，眉形要描画得清晰精致。先用眉笔定出眉底线，确定大致眉形，然后用眉笔一根根描画，做到中间实两头虚，下线实上线虚，保持眉头的清淡自然。可以用睫毛膏轻刷眉毛，使眉形更自然。（见图4-2-12）

图4-2-12

步骤四：打造唇妆

唇色可以选择与眼妆相配的红棕色或者橘红色，唇的轮廓要清晰。首先，

用粉底或遮盖霜涂敷在需要矫正的唇边缘。其次，利用唇线笔勾勒出饱满而丰厚的唇形。最后，再用唇膏细心描画。如要打造水润的效果，可涂上唇彩。（见图4-2-13）

步骤五：打造腮红

腮红选用与妆色相配的橙红色，无须过浓，只需斜向轻扫修饰脸形，与暗影自然衔接。一般运用结构式打法，起到修饰脸形的作用。（见图4-2-14）

图4-2-13　　　　　　　　　　　　图4-2-14

二、造型提案

浪漫的卷发、高贵的发髻都是经典的欧式宫廷造型中不可缺少的元素，可以用假发堆出高耸的造型。在饰品上，可选择大帽子、华丽的羽毛和缎带蝴蝶结等。（见图4-2-15、图4-2-16）

图4-2-15　　　　　　　　　图4-2-16　　　　　　　　宫廷服欧式妆

课堂实操

同学间两两组合，互相练习欧式妆，完成任务后按照下表进行评比。

操作准备：准备全套化妆用品。

操作要点：1. 底妆干净、服帖，通过高光暗影较好地修饰脸形。

2. 欧式眼妆结构准确，描画立体，眉形偏细挑。

3. 唇形精致、饱满，腮红立体自然。

4. 整体妆容优雅高贵，整体妆色搭配协调。

评价内容	内容细化	分 值	评分记录			
			学生自评	学生互评	教师评分	备 注
完成情况 （90分）	底妆干净	20				
	眼形美观	20				
	眉形自然	15				
	唇色协调	10				
	腮红柔和	10				
	整体效果	15				
职业素质 （10分）	团队合作	5				
	服务态度	5				
总 分 100 分						

说明：1. 备注栏记录自己作品的优缺点。
2. 训练时可自由组合，考核时随机组合。

任务拓展

1. 巴洛克风格、洛可可风格是欧洲17—18世纪流行的艺术风格，请通过网络具体了解这两种风格，并分析这两种风格在服装以及化妆上的不同特点，制作PPT。

2. 请在给定的下图中设计宫廷服欧式妆面及发型效果图（颈部以上），色彩搭配自定，可在基本画法的基础上有自己的创新。工具：铅笔、彩色铅笔、黑色水笔、橡皮。

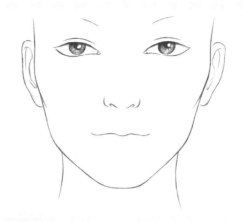

 知识延伸

印度服装整体造型设计

一、印度服整体形象特点

印度造型又称纱丽造型，纱丽通常用一块长6 m左右、宽1.1～1.3 m的布料做成。纱丽的穿法是从腰部缠起，最后披盖在肩上或蒙在头上。纱丽一般分棉布、丝绸、纱和尼龙几种。不同地区、不同地位的印度人衣着有所区别：名门贵族多穿质地、面料好的华丽衣服；平民衣着相对简单朴素。但款式上不分官服和民服，女性均着纱丽，宽大舒适、清洁透气。印度人喜欢佩戴各种各样的首饰，名目繁多，如发饰、耳饰、额饰、鼻饰、项链、脑饰、腕镯、上腕饰、指环等，大多为金、银或宝石制品。（见图4-2-17）

图4-2-17

二、妆容重点

印度妆与欧式妆的画法很相似，眼部都可以采用倒抠的手法，整体妆容立体浓艳。印度妆给人肤色健康、浓眉大眼、红唇艳丽的感觉。

图4-2-18

粉底：印度妆底妆颜色偏暗，可先用比肤色略深的粉底打造出健康的肤色，同时在内轮廓处提亮，用阴影色从眉头扫出鼻梁根部的鼻影。

眼妆：眼妆的色彩上，可以选用橘咖色系的暖色调。采用倒抠的手法，上眼睑内眼角到中部刷上一层珍珠白，后半部用咖啡色从眼梢往中间晕染，颜色由深及浅。用深咖色眼影从眼梢处沿眼窝制造凹陷感，然后用黑色眼影加深。下眼睑用咖色及黑色晕染并在眼尾处与上眼睑衔接。用较粗的黑色眼线勾满整个眼眶，将眼睛描画得又大又圆。用浓密夸张的假睫毛突出眼部神采，使眼部妆容更加具有视觉冲击力。

眉毛：浓眉大眼是印度妆的特色。眉毛除了加黑加粗外，在眉梢处小弧度的上挑，能很好地表现古典气质。

腮红：不宜太过浓重，橙色系或砖红色腮红横扫颧弓下陷至耳根部即可。

唇部：用鲜艳的大红色或橘红色描画唇部，不要采用唇油，这样可以让唇部看起来更妩媚、更有质感。（见图4-2-18）

 项目总结

随着复古风的盛行，不同民族、不同国度的特色服装造型一直是影楼里不可缺少的拍摄造型。本项目，我们对不同国家、不同时代的服装和化妆造型特点进行了分析，要求同学们牢记各个民族的造型特点，并希望在课堂外进行更深入、更全面的了解，最后将这些特点灵活地运用到今后的实际工作当中去。

 综合运用

全班分成五组，每组4～5人，每组分别设计一个造型（唐装、和服、韩服、宫廷服、印度服）。组内角色自己分配，完成任务后，各组之间进行评比。

具体步骤：

1. 明确任务：抽签决定造型。

2. 分配任务：组内讨论决定总设计师（组长）、模特、化妆师、发型师、服饰搭配人员。

3. 设计任务：讨论构思，绘制设计草图。

4. 实施任务：完成整体造型，包括化妆、发型、服饰。

5. 展示成果，评价成果。

6. 记录成果，填写下表。

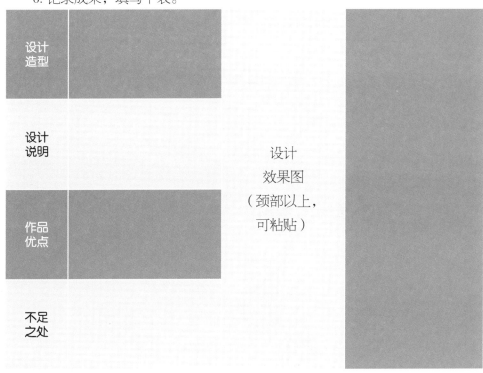

项目五

面部点缀式彩绘化妆设计

情境
聚焦

案例：形象1班本学期要参加中级化妆师的技能等级考核，其中一个考试内容是"面部创意彩绘"。时间紧迫，如果你是指导教师，你将如何让学生快速地掌握这个既考绘画功底又考创意设计的妆面呢？

彩绘化妆是对化妆艺术高度概括与夸张的艺术表现形式。面部彩绘是彩绘化妆中的一种，它不仅包括基础化妆技法、绘画知识、构图色彩及各种材料的运用，还包括独特的创意和直觉的美感。其表现手法多种多样，运用的领域也非常广泛。作为化妆师，必须掌握面部彩绘的化妆技法。

着手的任务是

- 面部抽象图形彩绘。
- 面部花卉图形彩绘。

我们的目标是

- 知晓面部彩绘的布局、表现手法和素材分类。
- 掌握面部抽象图形的描画方法。
- 掌握面部花卉图形的描画手法。

任务实施中

任务一　面部抽象图形彩绘

 任务简介

　　抽象图形是指从自然物象中抽取提炼出其本质属性而脱离自然痕迹的图形。面部彩绘化妆经常采用抽象图形来装饰眼周，抽象图形表现手法自由、形式多样、时代感强，能给设计者创造更多联想的空间。本任务以抽象线条为例，要求学生掌握单色勾线的描画方法，围绕眼周设计出美观的图形。（见图5-1-1）

图5-1-1

实例解析

　　彩绘图案：抽象线条。（见图5-1-2）
　　彩绘色调：以黑色、蓝色为主，白色提亮。
　　描画方法：勾线为主。
　　图形布局：对称或不对称。
　　妆容风格：神秘、妖娆。
　　彩绘工具：油彩、彩绘笔、亮粉水钻等辅助物。

知识链接

图5-1-2

　　勾线法：通过线条的粗细、虚实，生动地表达妆面的造型与主题。面部彩绘图形一般可以用眼线笔、眼线液、眼线膏勾线，也可以使用勾线毛笔蘸取油彩勾线。勾线时落笔要轻，一气呵成、线条流畅，还应强调线条的粗细、虚实、轻重变化。

　　平涂法：用颜料将图形分块填满，着色时图形轮廓要清晰，铺色要均匀，颜料厚薄要适当，具有较浓的装饰效果。

步骤一：打造底妆

底妆用偏白的膏状粉底将皮肤瑕疵遮盖，可打得稍厚些，并用高光暗影修饰出面部立体感，打造出干净无瑕又有立体感的底妆，然后用定妆粉定妆。（见图5-1-3、图5-1-4）

图5-1-3

图5-1-4

步骤二：打造眼妆

眼影：化成下实上虚的大欧眼妆。先用咖色眼影晕染整个眼眶凹陷处，再用黑色眼影加深抠线结构，上下眼睑同样用咖色、黑色晕染。然后用白色粉底提亮抠线下方眼头部分，呈现出清晰的抠线结构，再用白色眼影粉按压定妆。最后用蓝色眼影晕染抠线下方靠近眼尾的部分，向眼头过渡淡化。（见图5-1-5、图5-1-6）

眼线：描画要大胆，使眼形更加夸张，眼尾拉长，眼头画开口的"小鸟嘴"，使眼形变得妖媚。（见图5-1-7）

睫毛：粘贴夸张浓密的假睫毛，注意真假睫毛的自然融合。

图5-1-5

图5-1-6

图5-1-7

技法链接

抽象图形彩绘一般配合夸张的眼形，眼妆与彩绘完美融合才是成功的妆面。眼形的夸张造型多种多样，下面简单介绍三种方法，在实际操作中可以根据具体要求进行发挥。

一、夸张圆眼形

眼线粗画，尤其在眼睛的上下端点；内外眼角则细画渐虚。（见图5-1-8）

图5-1-8

二、夸张长眼形

上下眼线细画，将外眼角眼线延长。（见图5-1-9）

图5-1-9

三、夸张上吊眼形

将内眼角眼线向斜下方细画延长，外眼角眼线向斜上方延长。（见图5-1-10）

图5-1-10

步骤三：打造眉妆

选择立体的欧式眉形。先用深咖色眉粉勾画出上挑的欧式眉形，再用黑色眉笔顺着眉毛的生长方向从眉峰处开始根根描画，做到下实上虚，中间实两头虚，并左右对称。（见图5-1-11）

步骤四：打造唇妆

口红的颜色根据风格及彩绘的主色调进行搭配，如蓝黑色系适合搭配玫红色口红，烘托妆容的冷艳感。（见图5-1-12）

图5-1-11

图5-1-12

步骤五：打造腮红

由于眼部彩绘会延长到面部，为了不影响彩绘的效果，腮红要在描画彩绘之前完成，腮红的颜色不要过浓。（见图5-1-13）

步骤六：描画彩绘

彩绘是整个妆面的重点，构图围绕眼周进行。

1. 先用小号彩绘刷蘸取肉色油彩勾绘出设计好的抽象图形的整体布局，注意图形的美观与布局的合理，先用肉色描画的好处是画错了便于修改。

2. 然后用另一支小号彩绘刷蘸取黑色、蓝色油彩在所有肉色的图形上重复描画一遍，注意线条的粗细和流畅，做到两头细中间略粗，每一根线条的描画尽量做到一气呵成。（见图5-1-14、图5-1-15）

图5-1-13　　　　　　　图5-1-14　　　　　　　图5-1-15

3. 接着用小号彩绘刷蘸取白色油彩分别在黑色、蓝色线条的一侧边缘提亮，使对比加强，注意保持线条的干净、流畅。（见图5-1-16）

4. 最后，可用圆头眼影刷蘸取白色亮粉轻点在图形上，营造闪烁的效果，同时也起到定妆的作用。有必要可以零星地粘贴亮钻，使图形更丰富。（见图5-1-17、图5-1-18）

图5-1-16　　　　　　　图5-1-17　　　　　　　图5-1-18

⊗ 知识链接

　　妆面起稿时，一般使用白色眼线笔或毛笔蘸取粉底来定稿，在面部勾线时，落笔要轻，一气呵成、线条流畅，还应强调线的粗细、虚实、轻重变化。

抽象图案面部彩绘

🌐 温馨提示

　　彩绘图案的作用主要是烘托妆容造型，不能画蛇添足，更不能喧宾夺主。（见图5-1-19、图5-1-20）彩绘时首先要构思好，考虑图案内容、描画位置、色彩搭配等，有了设想后，可先在设计稿上描画，确定之后再描画到脸上，这样才能保证彩绘的效果。

图5-1-19

图5-1-20

🎤 课堂实操

　　同学间两两组合，互相练习抽象图形彩绘，可模仿实例，也可自创。表现手法：勾线。完成任务后按照下表进行评比。

　　操作准备：准备全套化妆用品、彩绘工具。

操作要点：1. 底妆干净、偏白，通过高光暗影能较好地修饰脸形。

2. 眼影过渡自然，层次丰富，眼形矫正美观，眉形自然对称。

3. 彩绘主题鲜明，构图美观，描画细腻，线条流畅。

4. 彩绘与妆容协调，整体效果美观、完整。

评价内容	内容细化	分 值	评分记录			
			学生自评	学生互评	教师评分	备 注
完成情况（90分）	底妆干净	15				
	眼眉美观	20				
	彩绘精致	30				
	唇色协调	10				
	整体效果	15				
职业素质（10分）	团队合作	5				
	服务态度	5				
总 分 100 分						

说明：1. 备注栏可记录自己作品的优缺点。

2. 训练时可自由组合，考核时随机组合。

🔧 任务拓展

1. 请根据前面技法链接中眼形的夸张形式，发挥想象大胆创新，在给定的下图中对眼形进行夸张造型练习。要点：眼形夸张美观，描画深浅衔接自然，细节精致。工具：铅笔、黑色彩铅、黑色水笔、橡皮。

2. 根据所提供的图片资料，选择其中四款完成脸部抽象图形的设计，分别画在下面的眼周旁。要点：注意构图及布局的美观，描画深浅衔接自然，细节精致。工具：铅笔、黑色彩铅、黑色水笔、橡皮。

知识延伸

面部图形布局与设计

一、面部图形布局

面部图形布局，是指图形在面部的位置安排，是展示面部彩绘妆型效果的重点。图形创作要围绕着妆面的主题进行，以体现面部图形的视觉冲击力与妆型的美感。

在面部图形布局中，首先，要确定主次关系，主体图案位置要安排得当。其次，要处理好图形的连贯与点缀，使面部图形完整协调。面部彩绘妆型放置图形的位置有：额头、脸颊、颧骨、眉骨、眼周等。（见图5-1-21）

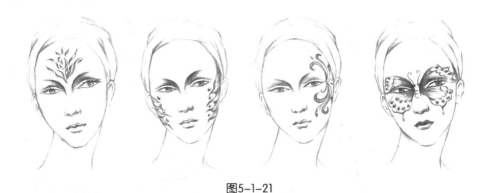

图5-1-21

鼻梁与鼻翼部位不适合画图形，可以粘贴装饰物品。嘴部夸张造型不要过于明显、突出，以免影响眼部的妆型效果。

利用图形及其设置位置，可以弥补脸形的不足。例如，将图形设置在额头上，能起到拉长脸形的作用；将图形设置在两颊部位，有收拢脸形的作用。

二、面部图形设计

面部图形设计是指在面部立体结构中进行的图形设计。并不是所有部位都适合设计图形，设计得当、布局合理，就会增强图形的美感。反之，则会影响美观。

1. 面部图形的对称美与平衡美。

在面部图形设计中，对称与平衡的应用一般是以面部中心线为轴，来组织左右对称或平衡的图形。

对称美：在面部彩绘中多用左右对称，即左右两边同量、同形的图形组合。它能产生安静、稳定、有秩序、永恒性的美感。（见图5-1-22）

图5-1-22

平衡美：在面部彩绘化妆中，图形设计常用的方法是同量而不同形的图形组合。它可以冲破对称图形单调、呆板的感觉，使图形产生活泼、自由的情趣美感，不会使人有重心不稳的感觉。（见图5-1-23）

图5-1-23

2. 面部图形的重复与节奏。

重复指图形在规定范围内反复出现，它主要以单纯的手法，塑造整体形象连续反复的节奏感。节奏是指图形有秩序、有规律的变化与反复，且体现出一定的机械运动规律的美感。（见图5-1-24）

3. 面部图形的疏密与聚散。

疏密与聚散是图形的组织形式之一。如果构图得当，画面就会显得有序、活泼、自然；如果安排不当，就会出现过于紧密或过于松散的凌乱效果。

4. 面部图形的大小。

面部适合绘画图形的部位有限，在这有限的

图5-1-24

范围内，若图形过大、过满，面部会显得拥挤、杂乱，不但失去美感，还破坏了眼妆的协调；若图形过小，面部感觉空荡，会显得拘谨、小气。所以，图案设计一定要适合面部大小。

任务二　面部花卉图形彩绘

任务简介

　　花卉图形是面部彩绘中最常用的素材，花卉千姿百态、绚丽多彩，使妆面丰富多彩。花卉图形的表现手法也很多，可以用线描的形式来表现，也可以用色彩图形表现，除了花朵，藤蔓、叶片都可以作为设计的元素，关键在于合理地在脸上布局，起到为整个妆容添彩的作用。

实例解析

图5-2-1

　　彩绘图案：花卉。（见图5-2-1）

　　彩绘色调：以桃红色为主，白色提亮。

　　描画方法：勾线法、晕染法。

　　图形布局：均衡。

　　妆容风格：浪漫、甜美。

　　步骤一：打造底妆

　　底妆用偏白的膏状粉底将皮肤瑕疵遮盖，并用高光提亮内轮廓，轻扫暗影适当修饰脸形，然后用带微珠光颗粒的定妆粉定妆。

　　步骤二：打造腮红

　　定妆之后先打腮红，用腮红刷蘸取桃红色腮红晕染脸颊，面积可略大，打造出娇艳粉嫩的效果。

　　步骤三：打造眼妆

　　眼影同样用桃红色作渐层晕染，色彩浓郁。眼线描画要干净、流畅，眼尾可适当拉长，起到矫正眼形的作用。将自身睫毛夹翘，再粘贴纤长的假睫毛，让眼神显得妩媚。

步骤四：描画彩绘

1. 用小号彩绘刷蘸取桃红色油彩勾绘出彩绘花瓣的形状，采用不对称的图形设计，整体感觉却是平衡的，注意线条的流畅以及花瓣的形态。（见图5-2-2）

2. 用中号油彩刷蘸取桃红色油彩在每个花瓣边缘作由深至浅的晕染，注意花瓣的形态饱满、色泽浓郁。（见图5-2-3）

图5-2-2

图5-2-3

3. 接着用中号油彩刷蘸取白色油彩在花瓣的另一侧晕染，并与玫红色自然衔接，提亮花瓣。（见图5-2-4）

4. 用中号油彩刷蘸取玫红色油彩再次作晕染衔接，使花瓣层次更丰富。（见图5-2-5）

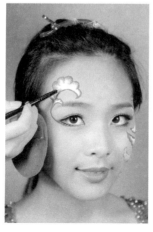
图5-2-4

图5-2-5

5. 在花瓣之间可画点或者粘钻进行点缀，丰富图形，最后用亮粉制造闪烁的效果，为彩绘增色。（见图5-2-6、图5-2-7）

图5-2-6

图5-2-7

步骤五：打造眉妆

根据妆容的风格选择自然型眉形，眉形偏细。描画时要体现出眉毛的虚实。（见图5-2-8）

图5-2-8

步骤六：打造口红

口红的颜色根据彩绘的主色调进行搭配，桃红色系彩绘搭配粉色口红会比较协调，再涂上透明唇彩制造水润效果。（见图5-2-9）整体妆容完成效果见图5-2-10。

图5-2-9

图5-2-10

花卉图案面部彩绘

🍊温馨提示

描画要点：彩绘的题材丰富多彩，千姿百态，设计要紧扣主题；彩绘的范围不宜过大，构图考虑眼部结构特点；可以用钻、亮粉点缀，描画有一定的立体感。彩绘妆面适合夸张的舞台造型。（见图5-2-11、图5-2-12）

图5-2-11

图5-2-12

 课堂实操

同学间两两组合，互相练习花卉图形彩绘，可模仿实例，也可自创。表现手法：勾线、晕染。完成任务后按照下表进行评比。

操作准备：准备全套化妆用品、彩绘工具。

操作要点：1. 底妆干净、偏白，通过高光暗影能较好地修饰脸形。

2. 眼影过渡自然，层次丰富，眼形矫正美观，眉形对称。

3. 彩绘主题鲜明，构图美观，描画细腻，线条流畅。

4. 彩绘与妆容协调，整体效果美观、完整。

评价内容	内容细化	分值	评分记录			
			学生自评	学生互评	教师评分	备注
完成情况 （90分）	底妆干净	15				
	眼眉美观	20				
	彩绘精致	30				
	唇色协调	10				
	整体效果	15				
职业素质 （10分）	团队合作	5				
	服务态度	5				
总分 100 分						

说明：1. 备注栏可记录自己作品的优缺点。

2. 训练时可自由组合，考核时随机组合。

任务拓展

1. 收集10款风格各异的彩绘创意妆作品，分析每个作品的设计亮点，并制作成PPT。

2. 请将下图中的内容进行简化、取舍，并将取舍后的图形分别画在下面的眼周旁。

3. 请在给定的下图中设计一款花卉景物图形彩绘妆容，表现技法不限。工具：铅笔、彩色铅笔、黑色水笔、橡皮。

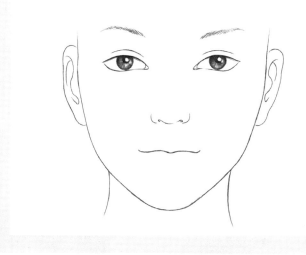

 知识延伸

不同风格时尚创意妆赏析

一、时尚创意妆概念

　　时尚创意妆以时尚、前卫、创意为主，色彩丰富，体现最新时尚的流行，是在生活化妆的基础上进行的艺术创造。一个好的时尚创意妆，需要新颖的创意引导和好的技术去表现。时尚创意妆可用于时尚封面人物、模特演出、广告等独特的艺术创作。时尚创意妆总体特点：主题鲜明，色彩搭配醒目，表现手段丰富，视觉冲击力强，凸显时尚感。（见图5-2-13、图5-2-14）

图5-2-13

图5-2-14

二、时尚创意妆不同表现手法

1. 眼影大范围晕染。

大烟熏：烟熏的范围超出正常的眼影晕染范围，有时填满整个眼眶，有时甚至延续到脸颊部位，目的是制造强烈的视觉冲击力，带给人时尚魅惑的视觉效果。（见图5-2-15、图5-2-16）

图5-2-15

图5-2-16

绚丽彩妆：眼部采用纯度较高的邻近色或对比色进行大面积的晕染，制造出绚丽多彩、亮丽夺目的彩妆效果。（见图5-2-17、图5-2-18）

图5-2-17　　　　　　　　　　　　图5-2-18

2. 眼部彩绘。

运用细腻的彩绘手法突出整体妆容的创意，一般围绕眼部进行图案的设计和描画。彩绘要求主题鲜明、色彩协调、层次丰富。（见图5-2-19、图5-2-20）

图5-2-19　　　　　　　　　　　　图5-2-20

3. 夸张睫毛、装饰物。

化妆的创意是无穷的，运用的手法也多种多样，除了一般的化妆与彩绘工具，还可以添加其他材料为妆面添彩，甚至作为主要表现手段。材料可以使用羽毛、蕾丝、水钻、花瓣等。（见图5-2-21、图5-2-22）

图5-2-21

图5-2-22

 项目总结

化妆师必须培养时尚的理念，根据创作主题去设计，培养自己的创新思维，让新颖的手法表现在化妆造型上。本项目讲解了彩绘的技巧和方法，目的是让大家在掌握的基础上，能熟练运用这些技法，学会融会贯通。面部彩绘运用的领域非常广泛，不光运用在舞台妆、T台妆、杂志摄影妆，创意新娘妆、晚宴妆都可以采用彩绘的手法，而且在很多国际化妆大赛中以比拼面部创意彩绘来决胜负，可见彩绘是化妆师必须扎实掌握的一项化妆技术。

 综合运用

综合所学的内容，两人一组，分别设计创作以"春、夏、秋、冬"为主题的面部彩绘。

具体步骤：

1. 通过网络、杂志收集素材，并构思（与教师交流）。

2. 绘制设计效果图（以妆面为主，配以发型更佳），并写出设计说明。

3. 每组选择其中一个主题进行实操，共同设计，其中一人当模特，一人具体操作（相互结对进行），并拍照记录。

4. 成果展示、交流，并填写下表。

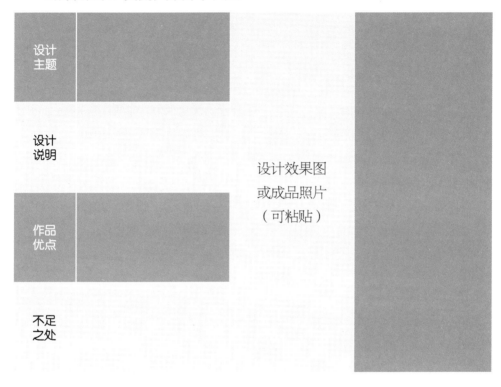

参考文献

[1] 范丛博. 化妆师中级[M]. 北京：中国劳动社会保障出版社，2007.

[2] 郭秋彤，林静涛. 美容化妆[M]. 北京：高等教育出版社，2010.

[3] 王正. 塑造美的形象——美容美发与人物形象设计技术[M]. 北京：外语教学与研究出版社，2012.

[4] 郭京英. 面部彩绘化妆[M]. 北京：中国人民大学出版社，2012.

[5] 陈昊，安迪. 化妆造型[M]. 北京：中国铁道出版社，2017.

[6] Una. 新娘化妆造型核心技术修炼[M]. 北京：人民邮电出版社，2020.